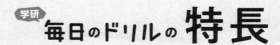

やりきれるから自信がつく!

✓ 1日1枚の勉強で, 学習習慣が定着!

◎目標時間に合わせ, 無理のない量の問題数で構成されているので, 「1日1枚」やりきることができます。

◎解説が丁寧なので, まだ学校で習っていない内容でも勉強を進めることができます。

✓ すべての学習の土台となる「基礎力」が身につく!

◎スモールステップで構成され, 1冊の中でも繰り返し練習していくので, 確実に「基礎力」を身につけることができます。「基礎」が身につくことで, 発展的な内容に進むことができるのです。

◎教科書に沿っているので, 授業の進度に合わせて使うこともできます。

✓ 勉強管理アプリの活用で, 楽しく勉強できる!

◎設定した勉強時間にアラームが鳴るので, 学習習慣がしっかりと身につきます。

◎時間や点数などを登録していくと, 成績がグラフ化されたり, 賞状をもらえたりするので, 達成感を得られます。

◎勉強をがんばると, キャラクターとコミュニケーションを取ることができるので, 日々のモチベーションが上がります。

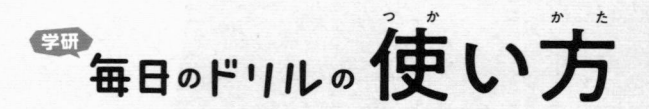

学研 毎日のドリルの 使い方

① 1日1枚, 集中して解きましょう。

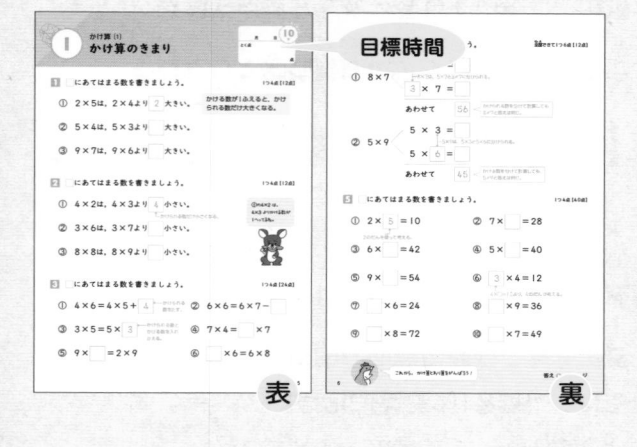

表

裏

◎ 1回分は, 1枚（表と裏）です。

1枚ずつはがして使うこともできます。

◎ 目標時間を意識して解きましょう。

アプリのストップウォッチなどで, かかった時間をはかるとよいです。

・ 巻末の「まとめテスト」で, この本の内容が身についたか確認できます。

② 答え合わせをしましょう。

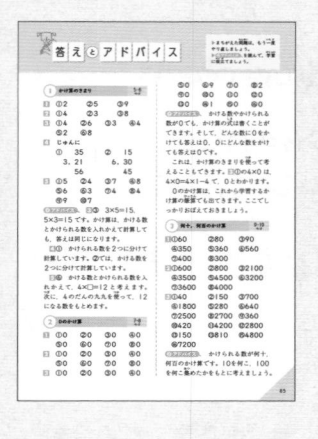

・ 本の最後に, 「答えとアドバイス」があります。

・ 答え合わせをして, 点数をつけましょう。

できなかった問題を解き直すと, より力がつくよ！

③ アプリに得点を登録しましょう。

・ アプリに得点を登録すると, 成績がグラフ化されます。
・ 勉強すると, キャラクターが育ちます。

♪毎日のドリル♪
勉強管理アプリ

「毎日のドリル」シリーズ専用、スマートフォン・タブレットで使える無料アプリです。1つのアプリでシリーズすべてを管理でき、学習習慣が楽しく身につきます。

1 「毎日のドリル」の学習を徹底サポート！

目標：10分00秒 / 毎日の勉強時間を意識しよう！

- 毎日の勉強タイムをお知らせする「タイマー」
- かかった時間を計る「ストップウォッチ」
- 勉強した日を記録する「カレンダー」
- 入力した得点を「グラフ化」

2 キャラクターと楽しく学べる！

好きなキャラクターを選ぶことができます。勉強をがんばるとキャラクターが育ち、「ひみつ」や「ワザ」が増えます。

3 1冊終わると、ごほうびがもらえる！

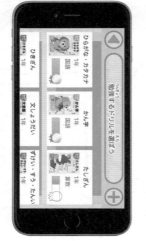

ドリルが1冊終わるごとに、賞状やメダル、称号がもらえます。

これはやる気が出るっちゃ！

4 漢字と英単語のゲームにチャレンジ！

自己ベスト更新を目指そう！

ゲームで、どこでも手軽に、楽しく勉強できる。漢字は学年別、英単語はレベル別に構成されており、ドリルで勉強した内容の確認にもなります。

アプリの無料ダウンロードはこちらから！
https://gakken-ep.jp/extra/maidori/

【推奨環境】
■各種Android端末：対応OS Android6.0以上
■各種iOS (iPadOS)端末：対応OS iOS10以上
※対応OSであってもIntel CPU (x86 Atom)搭載の端末では正しく動作しない場合があります。
※各種OSや対応機種については、各ストアでご確認ください。
※お客様のネット環境および携帯端末によりアプリをご利用できない場合があります。ご理解、ご了承くださいますよう、お願いいたします。
また、事前の予告なく、サービスの提供を中止する場合があります。ご了承ください。当社は責任を負いかねます。

1 かけ算のきまり

月　日　**10** 分

とく点

点

1 □にあてはまる数を書きましょう。　　　　　　1つ4点【12点】

① 2×5は, 2×4より [2] 大きい。

かける数が1ふえると, かけられる数だけ大きくなる。

② 5×4は, 5×3より □ 大きい。

③ 9×7は, 9×6より □ 大きい。

2 □にあてはまる数を書きましょう。　　　　　　1つ4点【12点】

① 4×2は, 4×3より [4] 小さい。

　↑かけられる数だけ小さくなる。

② 3×6は, 3×7より □ 小さい。

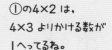

①の4×2は, 4×3よりかける数が1へってるね。

③ 8×8は, 8×9より □ 小さい。

3 □にあてはまる数を書きましょう。　　　　　　1つ4点【24点】

① 4×6=4×5+ [4] ←かけられる数をたす。

② 6×6=6×7− □

③ 3×5=5× [3] ←かけられる数とかける数を入れかえる。

④ 7×4= □ ×7

⑤ 9× □ =2×9

⑥ □ ×6=6×8

4 □にあてはまる数を書きましょう。

① 8×7

$5 \times 7 = \boxed{}$

—8×7は，5×7と3×7に分けられる。

$\boxed{3} \times 7 = \boxed{}$

あわせて $\boxed{56}$ ← かけられる数を分けて計算しても 8×7と答えは同じ。

② 5×9

$5 \times 3 = \boxed{}$

—5×9は，5×3と5×6に分けられる。

$5 \times \boxed{6} = \boxed{}$

あわせて $\boxed{45}$ ← かける数を分けて計算しても， 5×9と答えは同じ。

5 □にあてはまる数を書きましょう。

1つ4点【40点】

① $2 \times \boxed{5} = 10$

2のだんを使って考える。

② $7 \times \boxed{} = 28$

③ $6 \times \boxed{} = 42$

④ $5 \times \boxed{} = 40$

⑤ $9 \times \boxed{} = 54$

⑥ $\boxed{3} \times 4 = 12$

4×□＝12より，4のだんで考える。

⑦ $\boxed{} \times 6 = 24$

⑧ $\boxed{} \times 9 = 36$

⑨ $\boxed{} \times 8 = 72$

⑩ $\boxed{} \times 7 = 49$

これから，かけ算とわり算をがんばろう！

答え ▶ 85ページ

② 0のかけ算

1 計算をしましょう。

1つ3点【24点】

① 3 × 0 = 0

どんな数に0をかけても，答えは0。

② 5 × 0 =

③ 6 × 0 =

④ 4 × 0 =

⑤ 9 × 0 =

⑥ 8 × 0 =

⑦ 1 × 0 =

⑧ 0 × 0 =

2 計算をしましょう。

1つ3点【24点】

① 0 × 6 = 0

0にどんな数をかけても，答えは0。

② 0 × 3 =

③ 0 × 9 =

④ 0 × 7 =

⑤ 0 × 2 =

⑥ 0 × 0 =

⑦ 0 × 5 =

⑧ 0 × 8 =

0は，いくつ集めても0なんだね。

3 計算をしましょう。

①から⑫1つ3点，⑬から⑯1つ4点【52点】

① 4×0

② 1×0

③ 0×3

④ 0×8

⑤ 5×0

⑥ 1×9

⑦ 0×5

⑧ 2×1

⑨ 9×0

⑩ 7×0

⑪ 0×2

⑫ 0×4

⑬ 6×0

⑭ 1×1

⑮ 0×0

⑯ 0×9

アプリに，とく点を登ろくしよう！

答え ▶ 85ページ

何十，何百のかけ算

1 計算をしましょう。

1つ3点【24点】

① 20 × 3 = 60

10が2×3=6 で，6こだから，60。

② 40 × 2 =

③ 30 × 3 =

④ 70 × 5 =

⑤ 90 × 4 =

⑥ 80 × 7 =

⑦ 50 × 8 =

10をもとに
考えられた？

⑧ 60 × 5 =

2 計算をしましょう

1つ3点【24点】

① 300 × 2 = 600

100が3×2=6 で6こだから，600。

② 200 × 4 =

③ 700 × 3 =

④ 500 × 7 =

⑤ 900 × 5 =

⑥ 400 × 8 =

⑦ 600 × 6 =

⑧ 800 × 5 =

3 計算をしましょう。

① 20×2

② 50×3

③ 100×7

④ 300×6

⑤ 70×4

⑥ 80×8

⑦ 500×5

⑧ 900×3

⑨ 40×9

⑩ 60×7

⑪ 700×6

⑫ 400×7

⑬ 30×5

⑭ 90×9

⑮ 600×8

⑯ 800×9

見直しした？

答え ▶ 85ページ

2けた×1けた①

1 計算をしましょう。

1つ5点【45点】

かける数の九九を使って計算しよう。

①
```
    2 3
×     2
    4 6
```
❶位をたてにそろえて書く。
❷かけられる数の一の位，十の位のじゅんに計算する。

「二三が6」
「二二が4」

②
```
    2 2
×     4
```

③
```
    3 2
×     3
```

④
```
    2 0
×     4
```

⑤
```
    1 6
×     3
    4 8
```
❶「三六18」の8を一の位に書き，1を十の位にくり上げる。
❷「三一が3」の3に，くり上げた1をたして4，十の位は4となる。

「三六18」
「三一が3」

⑥
```
    3 6
×     2
```

⑦
```
    2 3
×     4
```

⑧
```
    4 8
×     2
```

⑨
```
    1 4
×     5
```

2 計算をしましょう。

①3点，②から⑭1つ4点【55点】

①
```
   1 3
 ×   3
```

②
```
   3 2
 ×   2
```

③
```
   1 5
 ×   5
```

④
```
   2 7
 ×   3
```

⑤
```
   4 6
 ×   2
```

⑥
```
   3 0
 ×   3
```

⑦
```
   1 1
 ×   8
```

⑧
```
   2 1
 ×   4
```

⑨
```
   3 7
 ×   2
```

⑩
```
   1 2
 ×   7
```

⑪
```
   2 4
 ×   3
```

⑫
```
   4 0
 ×   2
```

⑬
```
   4 5
 ×   2
```

⑭
```
   1 9
 ×   3
```

答えは，位をそろえて書いた？

その調子，その調子！

答え ▶ 86ページ

5 2けた×1けた②

月　日　10分

とく点

点

1 計算をしましょう。

1つ5点【50点】

①
```
  4 2
× 　3
─────
  1 2 6
```
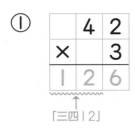
「三四12」

②
```
  7 2
× 　2
─────
```

③
```
  3 2
× 　4
─────
```

④
```
  5 0
× 　7
─────
```

⑤
```
  1 7
× 　8
─────
```

⑥
```
  4 2
× 　7
─────
```

⑦
```
  6 5
× 　4
─────
```

⑧
```
  3 9
× 　5
─────
```

⑨
```
  7 6
× 　4
─────
  3 0 4
```
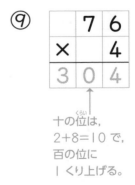
十の位は、
2+8=10 で、
百の位に
1 くり上げる。

⑩
```
  1 8
× 　6
─────
```
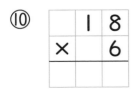

くり上がりが2回ある
筆算もあったね。

①
$$\begin{array}{r} 31 \\ \times\ 5 \\ \hline \end{array}$$

②
$$\begin{array}{r} 52 \\ \times\ 4 \\ \hline \end{array}$$

③
$$\begin{array}{r} 80 \\ \times\ 6 \\ \hline \end{array}$$

④
$$\begin{array}{r} 63 \\ \times\ 4 \\ \hline \end{array}$$

⑤
$$\begin{array}{r} 27 \\ \times\ 8 \\ \hline \end{array}$$

⑥
$$\begin{array}{r} 45 \\ \times\ 7 \\ \hline \end{array}$$

⑦
$$\begin{array}{r} 19 \\ \times\ 9 \\ \hline \end{array}$$

⑧
$$\begin{array}{r} 82 \\ \times\ 5 \\ \hline \end{array}$$

⑨
$$\begin{array}{r} 36 \\ \times\ 3 \\ \hline \end{array}$$

⑩
$$\begin{array}{r} 97 \\ \times\ 2 \\ \hline \end{array}$$

⑪
$$\begin{array}{r} 65 \\ \times\ 6 \\ \hline \end{array}$$

⑫
$$\begin{array}{r} 23 \\ \times\ 9 \\ \hline \end{array}$$

⑬
$$\begin{array}{r} 78 \\ \times\ 7 \\ \hline \end{array}$$

⑭
$$\begin{array}{r} 84 \\ \times\ 6 \\ \hline \end{array}$$

今日もよくがんばったね！

答え ▶ 86ページ

かけ算 (1)

3けた×1けた①

1 計算をしましょう。

1つ5点【50点】

①
```
    3 4 2
×       2
    6 8 4
```

かけられる数の一の位，
十の位，百の位のじゅんに
計算する。

「二二が4」
「二四が8」
「二三が6」

②
```
    1 3 4
×       2
```

③
```
    2 3 0
×       3
```

④
```
    3 1 6
×       3
    9 4 8
```

「三六18」，十の位に
1くり上げる。

⑤
```
    2 1 7
×       4
```

⑥
```
    1 0 8
×       4
```

⑦
```
    2 9 3
×       2
```

⑧
```
    2 7 0
×       3
```

⑨
```
    2 5 6
×       3
```

⑩
```
    1 2 7
×       4
```

くり上げた数を
たしあすれてない？

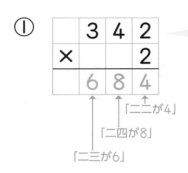

2 計算をしましょう。

①
```
   221
 ×   3
```

②
```
   319
 ×   3
```

③
```
   122
 ×   7
```

④
```
   151
 ×   5
```

⑤
```
   240
 ×   4
```

⑥
```
   254
 ×   3
```

⑦
```
   423
 ×   2
```

⑧
```
   218
 ×   4
```

⑨
```
   231
 ×   4
```

⑩
```
   298
 ×   3
```

⑪
```
   409
 ×   2
```

⑫
```
   136
 ×   3
```

⑬
```
   125
 ×   4
```

⑭
```
   285
 ×   3
```

答えは，3けたの数だったね。

見直しした？

答え ▶ 86ページ

3けた×1けた②

1 計算をしましょう。

1つ5点【50点】

①
```
    5 2 3
×       3
  1 5 6 9
```
「三五15」

②
```
    8 4 0
×       2
```

③
```
    3 1 6
×       4
```

④
```
    7 2 9
×       3
```

⑤
```
    3 0 9
×       8
```

⑥
```
    4 6 1
×       6
```

⑦
```
    6 8 1
×       5
```

⑧
```
    6 9 4
×       7
```

⑨
```
    7 6 7
×       8
```

⑩
```
    7 6 5
×       4
```

答えは4けたの数になったね。
4けための数は、千の位の数だね。

17

2 計算をしましょう。

①から⑥1つ3点，⑦から⑭1つ4点【50点】

① 　407
　× 　　9

② 　613
　× 　　6

③ 　350
　× 　　5

④ 　281
　× 　　7

⑤ 　576
　× 　　3

⑥ 　932
　× 　　2

⑦ 　425
　× 　　8

⑧ 　716
　× 　　6

⑨ 　653
　× 　　2

⑩ 　587
　× 　　5

⑪ 　463
　× 　　7

⑫ 　935
　× 　　3

⑬ 　128
　× 　　8

⑭ 　789
　× 　　9

その調子，その調子！

答え ▶ 87ページ

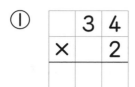

月　日　15分

とく点

点

1 計算をしましょう。

1つ3点【42点】

①
```
    3 4
×     2
```

②
```
    2 9
×     3
```

③
```
    1 5
×     4
```

④
```
    6 0
×     7
```

⑤
```
    5 1
×     5
```

⑥
```
    4 6
×     8
```

⑦
```
    1 9
×     9
```

⑧
```
  2 2 3
×     3
```

⑨
```
  4 1 8
×     2
```

⑩
```
  1 8 1
×     4
```

⑪
```
  5 0 7
×     8
```

⑫
```
  7 1 6
×     5
```

⑬
```
  8 9 3
×     3
```

⑭
```
  7 4 4
×     7
```

苦手な計算は
くり返し練習
しよう。

19

2 計算をしましょう。

①から⑩1つ3点，⑪・⑫1つ4点【38点】

①
```
   3 6
 ×   2
```

②
```
   3 1
 ×   3
```

③
```
   6 3
 ×   9
```

④
```
   2 4
 ×   2
```

⑤
```
   8 8
 ×   5
```

⑥
```
   4 1
 ×   7
```

⑦
```
   1 1 0
 ×     4
```

⑧
```
   6 7 4
 ×     8
```

⑨
```
   1 9 1
 ×     4
```

⑩
```
   3 6 2
 ×     3
```

⑪
```
   6 0 9
 ×     7
```

⑫
```
   2 3 5
 ×     9
```

3 次の計算を，□の中に筆算でしましょう。

1つ5点【20点】

① 25 × 3

② 76 × 4

③ 129 × 6

④ 583 × 7

よくできたね！

答え ▶ 87ページ

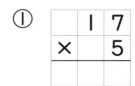

9 1けたをかける かけ算の練習②

1 計算をしましょう。　　　　　　　　1つ3点【42点】

①
```
    1 7
×     5
```

②
```
    6 3
×     2
```

③
```
    3 6
×     7
```

④
```
    1 1
×     9
```

⑤
```
    2 3
×     4
```

⑥
```
    2 0
×     8
```

⑦
```
    6 7
×     6
```

⑧
```
  1 2 3
×     2
```

⑨
```
  2 1 9
×     4
```

⑩
```
  4 5 6
×     2
```

⑪
```
  5 1 1
×     4
```

⑫
```
  1 8 6
×     8
```

⑬
```
  5 1 8
×     5
```

⑭
```
  3 6 0
×     9
```

一の位の0の計算のしかたには注意しよう。

2 計算をしましょう。

①　　　35　　②　　270　　③　　　70　　④　　508
　　×　　6　　　　×　　7　　　　×　　8　　　　×　　6

⑤　　995　　⑥　　　32　　⑦　　483　　⑧　　　56
　　×　　5　　　　×　　3　　　　×　　2　　　　×　　9

⑨　　　13　　⑩　　673　　⑪　　　54　　⑫　　778
　　×　　8　　　　×　　7　　　　×　　5　　　　×　　9

3 次の計算を，□の中に筆算でしましょう。

①　12×6

②　38×8

③　182×7
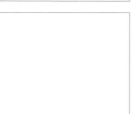

④　456×9

1けたをかけるかけ算は，
すらすらとけるようになったかな？

答え ▶ 87ページ

3つの数のかけ算

1 次の計算を，⑦，⑦の2通りのしかたでします。□にあてはまる数を書きましょう。

1つ2点【16点】

① 4×2×3の計算

⑦ (4×2)×3

⑦ 4×(2×3)

（　）の中を先に計算する。

= 8 ×3

=4× 6

= □

= □

どちらも
答えは
同じになるね。

② 30×2×2の計算

⑦ (30×2)×2

⑦ 30×(2×2)

= □ ×2

=30× □

= □

= □

2 □にあてはまる数を書きましょう。

1つ4点【12点】

① (6×4)×2=6×(□×2)

② (8×3)×3=□×(3×3)

③ (27×5)×□=27×(5×2)

3 □にあてはまる数を書きましょう。

① ⑦ (7×3)×2 = □ ×2 = □

　 ⑦ 7×(3×2) = 7×□ = □

⑦と⑦のどちらが
計算しやすかった
かな?

② ⑦ (15×5)×2 = □ ×2 = □

　 ⑦ 15×(5×2) = 15×□ = □

4 くふうして計算をしましょう。

① 3×4×2

② 6×2×2

③ 7×5×2

④ 9×2×5

⑤ 50×2×3

⑥ 80×2×2

⑦ 40×2×4

⑧ 30×3×3

⑨ 70×4×2

⑩ 75×5×2

⑪ 469×2×5

⑫ 125×2×2

今日もよくがんばったね!

答え ▶ 87ページ

かけ算 (2)
何十をかけるかけ算

1 計算をしましょう。

1つ3点【18点】

① $4 \times 20 =$ 80

4×2 の答えを10倍する。

$4 \times 20 = 4 \times (2 \times 10)$
$\qquad = (4 \times 2) \times 10$

ということだね。

② $2 \times 30 =$

③ $3 \times 50 =$

④ $6 \times 70 =$

⑤ $7 \times 40 =$

⑥ $9 \times 80 =$

2 計算をしましょう。

1つ3点【30点】

14×2の答えの10倍

① $14 \times 20 =$ 280

14×2の答えを筆算でもとめる。

② $32 \times 30 =$

③ $12 \times 60 =$

④ $35 \times 30 =$

⑤ $42 \times 80 =$

⑥ $20 \times 60 =$ 1200

20×6の答えの10倍

⑦ $30 \times 20 =$

⑧ $40 \times 30 =$

⑨ $50 \times 70 =$

⑩ $80 \times 40 =$

3 計算をしましょう。

① 12×40

② 30×80

③ 70×4

④ 40×4

⑤ 25×30

⑥ 60×50

⑦ 80×7

⑧ 30×6

⑨ 39×20

⑩ 90×70

⑪ 40×5

⑫ 21×70

⑬ 70×80

⑭ 50×5

⑮ 16×50

⑯ 40×90

おうえんしてるからね！

答え ▶ 88ページ

かけ算 (2)
2けた×2けた①

1 計算をしましょう。

1つ4点【40点】

①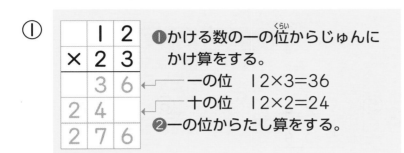

❶かける数の一の位からじゅんに
かけ算をする。
　　　　　一の位　12×3=36
　　　　　十の位　12×2=24
❷一の位からたし算をする。

左の24は，12×20=240
のことだよ。だから，左に
ずらして書くんだ。

②
```
    1 7
  × 3 2
    3 4   ←17×2=34
  5 1     ←17×3=51
  5 4 4
```

③
```
    1 2
  × 3 1
```

④
```
    2 3
  × 2 1
```

⑤
```
    3 0
  × 1 3
```

⑥
```
    1 6
  × 1 2
```

⑦
```
    1 5
  × 2 5
```

⑧
```
    5 2
  × 1 8
```

⑨
```
    1 9
  × 3 6
```

⑩
```
    4 8
  × 1 6
```

2 計算をしましょう。

①
$$\begin{array}{r} 21 \\ \times\ 14 \\ \hline \end{array}$$

②
$$\begin{array}{r} 13 \\ \times\ 21 \\ \hline \end{array}$$

③
$$\begin{array}{r} 20 \\ \times\ 44 \\ \hline \end{array}$$

④
$$\begin{array}{r} 42 \\ \times\ 19 \\ \hline \end{array}$$

⑤
$$\begin{array}{r} 24 \\ \times\ 34 \\ \hline \end{array}$$

⑥
$$\begin{array}{r} 70 \\ \times\ 13 \\ \hline \end{array}$$

⑦
$$\begin{array}{r} 14 \\ \times\ 32 \\ \hline \end{array}$$

⑧
$$\begin{array}{r} 11 \\ \times\ 82 \\ \hline \end{array}$$

⑨
$$\begin{array}{r} 28 \\ \times\ 23 \\ \hline \end{array}$$

⑩
$$\begin{array}{r} 39 \\ \times\ 16 \\ \hline \end{array}$$

⑪
$$\begin{array}{r} 47 \\ \times\ 18 \\ \hline \end{array}$$

⑫
$$\begin{array}{r} 36 \\ \times\ 25 \\ \hline \end{array}$$

よくできたね！

答え ▶ 88ページ

かけ算 (2)
2けた×2けた②

月　日　10分
とく点　　点

1 計算をしましょう。

1つ4点【40点】

①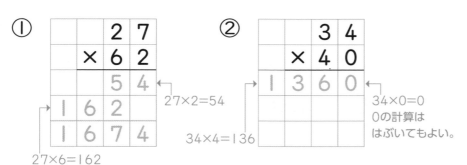
27×2=54
27×6=162

② 34×0=0
0の計算は
はぶいてもよい。
34×4=136

答えは，4けたの
数になるね。
さいごのたし算の
くり上がりにも
注意しよう。

③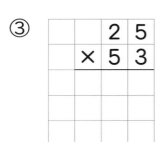

④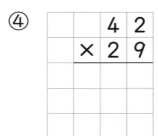

⑤

⑥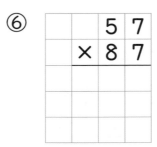

⑦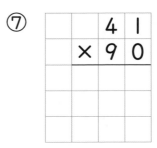

⑧

⑨

⑩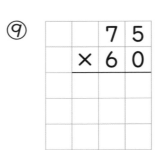

① 　　37
　　×53

② 　　85
　　×19

③ 　　58
　　×70

④ 　　29
　　×56

⑤ 　　43
　　×48

⑥ 　　84
　　×25

⑦ 　　38
　　×97

⑧ 　　53
　　×59

⑨ 　　65
　　×71

⑩ 　　96
　　×64

⑪ 　　75
　　×40

⑫ 　　48
　　×86

見直しした？

答え ▶ 88ページ

3けた×2けた①

月　　日　　**10**分

とく点

点

1 計算をしましょう。

1つ4点【40点】

①
```
    2 1 2
×     2 3
    6 3 6
  4 2 4
  4 8 7 6
```

●一の位の計算
　212×3=636
●十の位の計算
　212×2=424

かけられる数が3けたに
なっても，筆算のしかたは
同じだよ。

②
```
    4 2 3
×     1 2
```

③
```
    3 2 7
×     1 7
```

④
```
    4 5 9
×     2 1
```

⑤
```
    1 2 6
×     6 5
```

⑥
```
    2 5 7
×     3 5
```

⑦
```
    3 1 4
×     2 8
```

⑧
```
    2 7 6
×     2 4
```

⑨
```
    4 3 5
×     1 9
```

⑩
```
    1 8 9
×     4 6
```

①　　１２３
　×　　１２

②　　４１８
　×　　１６

③　　２８７
　×　　３４

④　　２１４
　×　　３６

⑤　　３９１
　×　　２５

⑥　　１５８
　×　　６３

⑦　　４２９
　×　　２２

⑧　　２３５
　×　　２８

⑨　　１７６
　×　　４８

⑩　　３６２
　×　　２３

⑪　　１９５
　×　　３７

⑫　　２５９
　×　　３８

おうえんしてるからね！

答え ▶ 89ページ

1 計算をしましょう。

1つ4点【40点】

① 412×2=824

```
    4 1 2
×     3 2
    8 2 4
1 2 3 6
1 3 1 8 4
```
412×3=1236

②
```
    5 6 3
×     4 1
```

③
```
    2 7 4
×     5 4
```

④
```
    1 4 8
×     8 5
```

⑤
```
    4 2 5
×     4 9
```

⑥
```
    3 8 6
×     3 7
```

⑦
```
    2 6 7
×     7 2
```

⑧
```
    6 1 3
×     6 8
```

⑨
```
    2 9 5
×     9 7
```

⑩
```
    8 7 2
×     4 5
```

いよいよ答えは
5けたの数だね！

33

① 315 × 43

② 289 × 52

③ 576 × 63

④ 437 × 78

⑤ 724 × 56

⑥ 268 × 95

⑦ 443 × 68

⑧ 696 × 34

⑨ 859 × 47

⑩ 568 × 84

⑪ 927 × 39

⑫ 753 × 76

その調子，その調子！

答え ▶ 89ページ

1 計算をしましょう。

1つ4点【40点】

①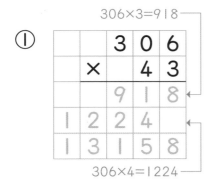

306×3=918

```
      3 0 6
  ×   4 3
      9 1 8
  1 2 2 4
1 3 1 5 8
```

306×4=1224

②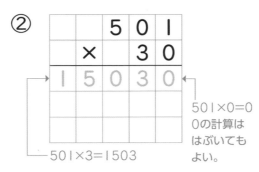

```
      5 0 1
  ×   3 0
1 5 0 3 0
```

501×0=0
0の計算は
はぶいても
よい。

501×3=1503

③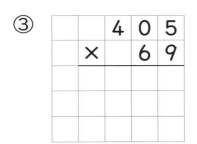

```
      4 0 5
  ×   6 9
```

④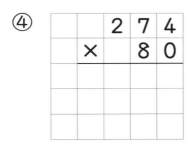

```
      2 7 4
  ×   8 0
```

かけられる数に
0のある筆算は、
0の計算を
はぶかないでね。

⑤

```
      6 2 0
  ×   5 4
```

⑥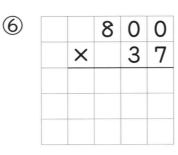

```
      8 0 0
  ×   3 7
```

⑦

```
      4 6 9
  ×   7 0
```

⑧

```
      3 4 0
  ×   9 5
```

⑨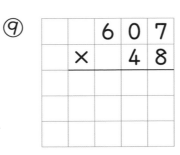

```
      6 0 7
  ×   4 8
```

⑩

```
      8 2 6
  ×   6 0
```

2 計算をしましょう。

①
$$\begin{array}{r} 209 \\ \times\ \ 75 \\ \hline \end{array}$$

②
$$\begin{array}{r} 643 \\ \times\ \ 60 \\ \hline \end{array}$$

③
$$\begin{array}{r} 700 \\ \times\ \ 38 \\ \hline \end{array}$$

④
$$\begin{array}{r} 505 \\ \times\ \ 83 \\ \hline \end{array}$$

⑤
$$\begin{array}{r} 450 \\ \times\ \ 79 \\ \hline \end{array}$$

⑥
$$\begin{array}{r} 397 \\ \times\ \ 50 \\ \hline \end{array}$$

⑦
$$\begin{array}{r} 400 \\ \times\ \ 88 \\ \hline \end{array}$$

⑧
$$\begin{array}{r} 406 \\ \times\ \ 90 \\ \hline \end{array}$$

⑨
$$\begin{array}{r} 240 \\ \times\ \ 64 \\ \hline \end{array}$$

⑩
$$\begin{array}{r} 809 \\ \times\ \ 19 \\ \hline \end{array}$$

⑪
$$\begin{array}{r} 730 \\ \times\ \ 52 \\ \hline \end{array}$$

⑫
$$\begin{array}{r} 600 \\ \times\ \ 80 \\ \hline \end{array}$$

0のある筆算にはなれたかな?

答え ▶ 89ページ

17 かけ算 (2)
2けたをかける
かけ算の練習①

月　　日　　**15**分

とく点

点

1 計算をしましょう。

1つ4点【40点】

①
```
    3 1
×   3 2
```

②
```
    6 0
×   1 3
```

③
```
    1 9
×   7 9
```

④
```
    8 3
×   9 0
```

⑤
```
    4 6
×   5 2
```

⑥
```
  2 6 3
×    3 2
```

⑦
```
  1 7 8
×    5 0
```

⑧
```
  2 8 9
×    2 9
```

⑨
```
  3 0 5
×    6 6
```

⑩
```
  6 3 9
×    4 7
```

くり上がりが何回もある
筆算もあるね。
たしわすれてないかな？

①
```
    30
×   32
```

②
```
    12
×   63
```

③
```
    51
×   70
```

④
```
    27
×   54
```

⑤
```
    83
×   39
```

⑥
```
    22
×   96
```

⑦
```
   184
×    27
```

⑧
```
   546
×    48
```

⑨
```
   400
×    84
```

⑩
```
   913
×    40
```

⑪
```
   707
×    85
```

⑫
```
   768
×    93
```

よくできたね！

答え ▶ 89ページ

18 2けたをかける かけ算の練習②

15分

月　日

とく点

点

1 計算をしましょう。

1つ5点【50点】

①
```
    3 2
×   2 6
```

②
```
    5 4
×   5 6
```

③
```
    3 8
×   2 7
```

④
```
    1 6
×   8 3
```

⑤
```
    4 3
×   7 9
```

⑥
```
  1 0 9
×    3 5
```

⑦
```
  2 4 8
×    3 8
```

⑧
```
  8 1 6
×    7 3
```

⑨
```
  2 5 0
×    6 4
```

⑩
```
  7 0 0
×    4 3
```

0のある筆算のしかたには、
とくに注意した？

2 計算をしましょう。

①
```
    1 6
×   4 5
```

②
```
  3 6 3
×    2 4
```

③
```
    4 4
×   9 3
```

④
```
  5 0 9
×    3 2
```

⑤
```
    8 6
×   5 0
```

⑥
```
  6 8 1
×    5 9
```

3 次の計算を，□の中に筆算でしましょう。

① 34×65

② 95×87

③ 359×70

④ 483×69

今日もよくがんばったね！

答え ▶ 90ページ

19 2けたをかける かけ算の練習③

1 計算をしましょう。

1つ5点【50点】

①
```
    1 8
×   4 2
```

②
```
    3 5
×   4 0
```

③
```
    2 5
×   2 4
```

④
```
    6 8
×   7 4
```

⑤
```
    5 6
×   9 3
```

⑥
```
  1 7 4
×     3 0
```

⑦
```
  2 4 3
×     7 8
```

⑧
```
  8 4 6
×     3 5
```

⑨
```
  9 0 2
×     7 0
```

⑩
```
  6 8 7
×     5 9
```

さい後のたし算で
たしまちがいをして
いないかな？

41

2 計算をしましょう。

①
```
   53
×  19
```

②
```
  168
×  60
```

③
```
   40
×  78
```

④
```
  375
×  96
```

⑤
```
   93
×  27
```

⑥
```
  647
×  69
```

3 次の計算を，□の中に筆算でしましょう。

① 39×40

② 82×76

③ 417×16

④ 809×87

2けたのかけ算もなれたね。

答え ▶ 90ページ

20 かけ算 (2)
暗算

1 暗算で計算しましょう。

1つ3点【21点】

① 13×3 = 　39

10　3

10×3=30

3×3=　9

だから，30と9で39。

⑤は 4×12=12×4 と計算のきまりを使って計算してもいいね。

② 21×4 =

③ 45×2 =

④ 17×4 =

⑤ 4×12 = 　48

4×10=40, 4×2=8 だから，40と8で48。

⑥ 2×42 =

⑦ 3×19 =

2 暗算で計算しましょう。

1つ3点【21点】

① 120×4 = 　480

12×4=48

かけられる数が10倍だから 10倍して480。

② 220×3 =

③ 260×2 =

④ 140×4 =

⑤ 32×30 = 　960

32×3=96 だから，10倍して960。

⑥ 25×20 =

⑦ 15×30 =

3 暗算で計算しましょう。

①から⑥1つ3点，⑦から⑯1つ4点【58点】

① 11×6

② 3×33

③ 210×4

④ 31×30

⑤ 28×2

⑥ 4×15

⑦ 27×30

⑧ 160×3

⑨ 5×18

⑩ 45×4

⑪ 390×2

⑫ 27×20

⑬ 60×8

⑭ 3×26

⑮ 280×3

⑯ 16×50

ここまでがんばったね！　次はパズルだよ！

答え ▶ 90ページ

［かけ算クロスをうめよう！］

1 かけ算九九をもとにして、かくれている数をうめましょう。

れい かけ算クロスの数は、このようにならんでいる。

$$3 \times$$
$$4 \times 6 = 24$$
$$= 18$$

左から右は 4 に 6 をかけて 24 になる。

上から下は 3 に 6 をかけて 18 になる。

かけられる数 や かける数が かくれている ものもあるよ。

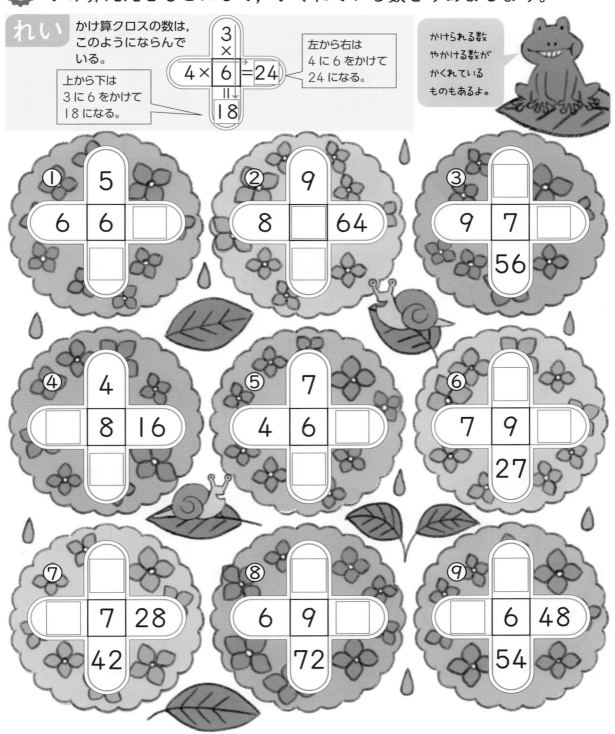

① 5 ／ 6 6 □

② 9 ／ 8 □ 64

③ □ ／ 9 7 □ ／ 56

④ 4 ／ □ 8 16

⑤ 7 ／ 4 6 □

⑥ □ ／ 7 9 □ ／ 27

⑦ □ ／ 7 28 ／ 42

⑧ 6 9 □ ／ 72

⑨ □ ／ 6 48 ／ 54

2 かけ算九九をもとにして，かくれ
ている数をうめましょう。

かけ算の答え
のほか，かけ
られる数やか
ける数もかく
れているよ。

① 5 × 6 = □ / □ / 24

② 8 / 6 × □ = □ / 24

③ 6 / 3 × □ = □ / 42

④ 9 / 4 × □ = 8

⑤ 2 / □ × □ = 45 / 10

⑥ 5 / □ × 4 = 32

⑦ 5 × 7 = □ / 21

⑧ 8 × 56 / 24

⑨ 6 / 2 × □ = □ / 54

答え ▶ 90ページ

九九の□の数

月　日　⏱10分

とく点

点

1 □にあてはまる数を書きましょう。

1つ3点【21点】

① $3 \times \boxed{1} = 3$

3のだんの九九で答えが3に
なるのは,「三一が3」なので
3×1。

② $3 \times \boxed{} = 6$

③ $3 \times \boxed{} = 9$

④ $6 \times \boxed{} = 24$

⑤ $6 \times \boxed{} = 36$

⑥ $4 \times \boxed{} = 32$

⑦ $4 \times \boxed{} = 28$

2 □にあてはまる数を書きましょう。

1つ3点【24点】

① $\boxed{3} \times 2 = 6$

□×2=2×□なので, 2×3=6

なれるまでは,
「ニ一が2」,「ニニが4」と
はじめからとなえよう。

② $\boxed{2} \times 2 = 4$

③ $\boxed{} \times 2 = 8$

④ $\boxed{} \times 5 = 20$

⑤ $\boxed{} \times 5 = 30$

⑥ $\boxed{} \times 5 = 25$

⑦ $\boxed{} \times 7 = 63$

⑧ $\boxed{} \times 7 = 49$

3 □ にあてはまる数を書きましょう。 ①から⑤1つ3点，⑥から⑧1つ4点【27点】

① $2 \times \boxed{} = 10$

② $7 \times \boxed{} = 28$

③ $5 \times \boxed{} = 40$

④ $8 \times \boxed{} = 48$

⑤ $3 \times \boxed{} = 27$

⑥ $9 \times \boxed{} = 18$

⑦ $4 \times \boxed{} = 24$

⑧ $6 \times \boxed{} = 54$

4 □ にあてはまる数を書きましょう。 ①から④1つ3点，⑤から⑧1つ4点【28点】

① $\boxed{} \times 3 = 12$

② $\boxed{} \times 4 = 20$

③ $\boxed{} \times 7 = 14$

④ $\boxed{} \times 6 = 42$

⑤ $\boxed{} \times 5 = 45$

⑥ $\boxed{} \times 8 = 64$

⑦ $\boxed{} \times 9 = 81$

⑧ $\boxed{} \times 2 = 16$

半分をこえたよ。のこりもがんばろう！

答え ▶ 91ページ

あまりのないわり算

1 計算をしましょう。

①2点，②から⑦1つ3点【20点】

① 8このあめを，4人で同じ数ずつ分けると，1人分は2こになる。

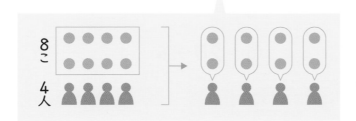

式で表すと，

$8 \div \underline{4} =$ ☐ 2

4のだんの九九で見つける。
「四二が8」より，$4 \times \underline{2} = 8$

② $16 \div 4 =$ ☐ ←「四四16」

わられる数　わる数

③ $24 \div 4 =$ ☐ ←「四六24」

④ $21 \div 7 =$ ☐

⑤ $15 \div 3 =$ ☐

⑥ $40 \div 5 =$ ☐

⑦ $54 \div 6 =$ ☐

2 計算をしましょう。

1つ3点【18点】

① $0 \div 5 =$ ☐ 0

0を0でないどんな数でわっても，答えは0。

② $6 \div 1 =$ ☐ 6

1でわると，答えはわられる数になる。

③ $0 \div 8 =$ ☐

④ $4 \div 4 =$ ☐

⑤ $0 \div 2 =$ ☐

⑥ $9 \div 1 =$ ☐

3 計算をしましょう。

1つ4点【48点】

① $6 \div 2$

② $20 \div 5$

③ $12 \div 3$

④ $42 \div 7$

⑤ $54 \div 9$

⑥ $20 \div 4$

⑦ $56 \div 8$

⑧ $27 \div 3$

⑨ $14 \div 7$

⑩ $72 \div 9$

⑪ $40 \div 8$

⑫ $36 \div 6$

4 計算をしましょう。

①・②1つ3点，③・④1つ4点【14点】

① $0 \div 4$

② $7 \div 1$

③ $0 \div 9$

④ $6 \div 6$

おうえんしてるからね！

答え ▶ 91ページ

24 あまりのない わり算の練習①

1 計算をしましょう。

1つ2点【40点】

① $6 \div 3 =$

② $16 \div 8 =$

③ $10 \div 2 =$

④ $30 \div 5 =$

⑤ $36 \div 9 =$

⑥ $0 \div 3 =$

⑦ $4 \div 4 =$

⑧ $30 \div 6 =$

⑨ $8 \div 1 =$

⑩ $32 \div 4 =$

⑪ $56 \div 7 =$

⑫ $21 \div 3 =$

⑬ $0 \div 6 =$

⑭ $9 \div 1 =$

⑮ $15 \div 5 =$

⑯ $49 \div 7 =$

⑰ $72 \div 8 =$

⑱ $24 \div 6 =$

⑲ $2 \div 2 =$

⑳ $63 \div 9 =$

ある数のだんの九九を使って計算した？

① $9 \div 3$

② $18 \div 9$

③ $0 \div 7$

④ $8 \div 8$

⑤ $25 \div 5$

⑥ $14 \div 2$

⑦ $48 \div 8$

⑧ $28 \div 7$

⑨ $12 \div 6$

⑩ $10 \div 5$

⑪ $0 \div 4$

⑫ $12 \div 4$

⑬ $8 \div 2$

⑭ $35 \div 7$

⑮ $81 \div 9$

⑯ $24 \div 3$

⑰ $6 \div 1$

⑱ $64 \div 8$

⑲ $45 \div 5$

⑳ $36 \div 4$

アプリは使ってみたかな？

答え ▶ 91ページ

25 あまりのない わり算の練習②

1 計算をしましょう。

1つ2点【40点】

0をわるわり算,
1でわるわり算
もあるよ。
注意してね。

① $12 \div 6 =$

② $20 \div 4 =$

③ $18 \div 2 =$ 　　④ $40 \div 5 =$

⑤ $27 \div 9 =$ 　　⑥ $0 \div 2 =$

⑦ $48 \div 8 =$ 　　⑧ $12 \div 3 =$

⑨ $8 \div 4 =$ 　　⑩ $49 \div 7 =$

⑪ $6 \div 1 =$ 　　⑫ $6 \div 2 =$

⑬ $32 \div 8 =$ 　　⑭ $5 \div 5 =$

⑮ $24 \div 3 =$ 　　⑯ $15 \div 5 =$

⑰ $54 \div 6 =$ 　　⑱ $21 \div 7 =$

⑲ $0 \div 7 =$ 　　⑳ $72 \div 9 =$

2 計算をしましょう。

① $27 \div 3$

② $63 \div 7$

③ $42 \div 6$

④ $16 \div 2$

⑤ $36 \div 9$

⑥ $40 \div 8$

⑦ $3 \div 1$

⑧ $15 \div 3$

⑨ $45 \div 5$

⑩ $0 \div 6$

⑪ $7 \div 1$

⑫ $14 \div 2$

⑬ $63 \div 9$

⑭ $28 \div 7$

⑮ $54 \div 9$

⑯ $24 \div 4$

⑰ $18 \div 6$

⑱ $9 \div 9$

⑲ $64 \div 8$

⑳ $25 \div 5$

見直しした？

答え ▶ 91ページ

1 計算をしましょう。

1つ2点【40点】

① 18 ÷ 3 =

② 0 ÷ 2 =

③ 24 ÷ 6 =

④ 35 ÷ 5 =

⑤ 36 ÷ 4 =

⑥ 81 ÷ 9 =

⑦ 8 ÷ 8 =

⑧ 9 ÷ 3 =

⑨ 10 ÷ 2 =

⑩ 8 ÷ 4 =

⑪ 30 ÷ 6 =

⑫ 2 ÷ 1 =

⑬ 12 ÷ 2 =

⑭ 20 ÷ 5 =

⑮ 56 ÷ 7 =

⑯ 45 ÷ 9 =

⑰ 4 ÷ 1 =

⑱ 1 ÷ 1 =

⑲ 42 ÷ 7 =

どのだんの九九を使うかに
なれてきた？

⑳ 72 ÷ 8 =

2 計算をしましょう。

① $27 \div 9$

② $24 \div 8$

③ $4 \div 2$

④ $5 \div 1$

⑤ $35 \div 7$

⑥ $6 \div 3$

⑦ $16 \div 4$

⑧ $21 \div 3$

⑨ $0 \div 5$

⑩ $9 \div 9$

⑪ $18 \div 6$

⑫ $30 \div 5$

⑬ $28 \div 4$

⑭ $56 \div 8$

⑮ $48 \div 6$

⑯ $0 \div 3$

⑰ $7 \div 1$

⑱ $18 \div 9$

⑲ $63 \div 7$

⑳ $32 \div 4$

よくできたね！

答え ▶ 92ページ

あまりのあるわり算①

月　　日　　⑩分

とく点

点

1 計算をしましょう。

1つ4点【32点】

① 13このあめを，1人に4こずつ分けると，3人に分けられて1こあまる。式で表すと，

3人　　1こ

●←あまり

$13 ÷ 4 = \boxed{3}$ あまり $\boxed{1}$

4のだんの九九で見つける。
「四三12」より，4×<u>3</u>=12

13−12=1

② $14 ÷ 4 = \boxed{3}$ あまり $\boxed{2}$

4×3=12　　14−12=2

③ $17 ÷ 3 = \boxed{}$ あまり $\boxed{}$

④ $22 ÷ 3 = \boxed{}$ あまり $\boxed{}$

⑤ $18 ÷ 5 = \boxed{}$ あまり $\boxed{}$

⑥ $29 ÷ 5 = \boxed{}$ あまり $\boxed{}$

⑦ $25 ÷ 6 = \boxed{}$ あまり $\boxed{}$

⑧ $44 ÷ 6 = \boxed{}$ あまり $\boxed{}$

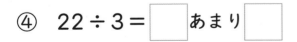

ある数　　あまり

14÷④=3あまり②

④＞②

わり算のあまりは，ある数より小さくなるよ。

2 計算をしましょう。

① $7 \div 2$

② $10 \div 4$

③ $20 \div 6$

④ $15 \div 2$

⑤ $32 \div 5$

⑥ $22 \div 7$

⑦ $25 \div 3$

⑧ $33 \div 8$

⑨ $21 \div 9$

⑩ $11 \div 2$

⑪ $36 \div 5$

⑫ $30 \div 4$

⑬ $49 \div 6$

⑭ $52 \div 8$

⑮ $39 \div 7$

⑯ $67 \div 9$

おうえんしてるからね！

答え ▶ 92ページ

あまりのあるわり算②

1 計算をしましょう。　　　　　　　　　　1つ3点【24点】

① 23 ÷ 5 = ☐ あまり ☐　　② 13 ÷ 6 = ☐ あまり ☐

③ 17 ÷ 2 = ☐ あまり ☐　　④ 10 ÷ 3 = ☐ あまり ☐

⑤ 19 ÷ 4 = ☐ あまり ☐　　⑥ 59 ÷ 7 = ☐ あまり ☐

⑦ 61 ÷ 9 = ☐ あまり ☐　　⑧ 74 ÷ 8 = ☐ あまり ☐

2 計算の答えをたしかめましょう。　　　　1つ4点【20点】

① 23 ÷ 3 = 7 あまり 2

　　　3 × [7] + [2] = [23]
　　　　　わった答え　あまり　わられる数

たしかめをして
あられる数に
なった？

② 47 ÷ 9 = 5 あまり 2

　9 × ☐ + ☐ = ☐

③ 54 ÷ 7 = 7 あまり 5

　7 × ☐ + ☐ = ☐

④ 43 ÷ 5 = 8 あまり 3

　5 × ☐ + ☐ = ☐

⑤ 76 ÷ 8 = 9 あまり 4

　8 × ☐ + ☐ = ☐

3 計算をしましょう。

1つ3点【24点】

① 31 ÷ 7　　　　　　② 47 ÷ 8

③ 26 ÷ 9　　　　　　④ 11 ÷ 3

⑤ 19 ÷ 6　　　　　　⑥ 35 ÷ 4

⑦ 46 ÷ 5　　　　　　⑧ 84 ÷ 9

4 計算をして，（　）に答えのたしかめもしましょう。

①から④1つ5点，⑤・⑥1つ6点【32点】

① 19 ÷ 5　　　　　　② 26 ÷ 4

（　　　　　　）　　（　　　　　　）

③ 43 ÷ 8　　　　　　④ 56 ÷ 6

（　　　　　　）　　（　　　　　　）

⑤ 71 ÷ 9　　　　　　⑥ 61 ÷ 7

（　　　　　　）　　（　　　　　　）

今日もよくがんばったね！

答え ▶ 92ページ

29 あまりのある わり算の練習①

月　　日　　15分

とく点

点

1 計算をしましょう。

1つ2点【40点】

① 7 ÷ 3 = □ あまり □

② 10 ÷ 6 = □ あまり □

③ 18 ÷ 8 = □ あまり □

④ 19 ÷ 2 = □ あまり □

⑤ 66 ÷ 7 = □ あまり □

⑥ 78 ÷ 9 = □ あまり □

⑦ 26 ÷ 4 = □ あまり □

⑧ 11 ÷ 5 = □ あまり □

⑨ 41 ÷ 7 = □ あまり □

⑩ 29 ÷ 3 = □ あまり □

⑪ 33 ÷ 6 = □ あまり □

⑫ 17 ÷ 9 = □ あまり □

⑬ 17 ÷ 4 = □ あまり □

⑭ 39 ÷ 5 = □ あまり □

⑮ 28 ÷ 9 = □ あまり □

⑯ 21 ÷ 6 = □ あまり □

⑰ 37 ÷ 4 = □ あまり □

⑱ 62 ÷ 7 = □ あまり □

⑲ 86 ÷ 9 = □ あまり □

⑳ 37 ÷ 8 = □ あまり □

あまりが，わる数より
小さいかたしかめよう。

① $33 \div 4$

② $50 \div 7$

③ $37 \div 6$

④ $26 \div 5$

⑤ $15 \div 8$

⑥ $57 \div 9$

⑦ $17 \div 6$

⑧ $19 \div 3$

⑨ $11 \div 4$

⑩ $43 \div 9$

⑪ $26 \div 3$

⑫ $36 \div 7$

⑬ $58 \div 8$

⑭ $53 \div 6$

⑮ $9 \div 2$

⑯ $69 \div 7$

⑰ $78 \div 8$

⑱ $31 \div 4$

⑲ $65 \div 7$

⑳ $34 \div 9$

その調子，その調子！

答え ▶ 93ページ

30 あまりのある わり算の練習②

1 計算をしましょう。

1つ2点【40点】

① 39 ÷ 5 ＝ □ あまり □

② 42 ÷ 8 ＝ □ あまり □

③ 28 ÷ 3 ＝ □ あまり □

④ 33 ÷ 7 ＝ □ あまり □

⑤ 51 ÷ 6 ＝ □ あまり □

⑥ 5 ÷ 2 ＝ □ あまり □

⑦ 9 ÷ 4 ＝ □ あまり □

⑧ 24 ÷ 9 ＝ □ あまり □

⑨ 12 ÷ 5 ＝ □ あまり □

⑩ 44 ÷ 7 ＝ □ あまり □

⑪ 41 ÷ 6 ＝ □ あまり □

⑫ 14 ÷ 3 ＝ □ あまり □

⑬ 83 ÷ 9 ＝ □ あまり □

⑭ 16 ÷ 6 ＝ □ あまり □

⑮ 15 ÷ 7 ＝ □ あまり □

⑯ 55 ÷ 8 ＝ □ あまり □

⑰ 42 ÷ 5 ＝ □ あまり □

⑱ 31 ÷ 4 ＝ □ あまり □

⑲ 69 ÷ 9 ＝ □ あまり □

⑳ 39 ÷ 8 ＝ □ あまり □

答えのたしかめも
してみよう!

63

2 計算をしましょう。

① $25 \div 3$ ② $45 \div 7$

③ $39 \div 4$ ④ $73 \div 8$

⑤ $19 \div 9$ ⑥ $34 \div 4$

⑦ $27 \div 5$ ⑧ $40 \div 9$

⑨ $58 \div 6$ ⑩ $46 \div 8$

⑪ $16 \div 5$ ⑫ $38 \div 6$

⑬ $29 \div 8$ ⑭ $44 \div 9$

⑮ $23 \div 7$ ⑯ $51 \div 8$

⑰ $21 \div 4$ ⑱ $49 \div 5$

⑲ $34 \div 7$ ⑳ $43 \div 6$

見直しした？

1 計算をしましょう。

1つ2点【40点】

① 16 ÷ 4 =

② 42 ÷ 7 =

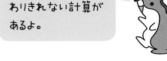

ありきれる計算と
わりきれない計算が
あるよ。

③ 15 ÷ 3 =

④ 8 ÷ 2 =

⑤ 48 ÷ 6 =

⑥ 27 ÷ 3 =

⑦ 8 ÷ 8 =

⑧ 45 ÷ 9 =

⑨ 5 ÷ 3 = あまり

⑩ 55 ÷ 6 = あまり

⑪ 37 ÷ 5 = あまり

⑫ 19 ÷ 8 = あまり

⑬ 53 ÷ 6 = あまり

⑭ 55 ÷ 9 = あまり

⑮ 45 ÷ 8 = あまり

⑯ 13 ÷ 2 = あまり

⑰ 60 ÷ 7 = あまり

⑱ 47 ÷ 5 = あまり

⑲ 77 ÷ 9 = あまり

⑳ 52 ÷ 7 = あまり

① 4 ÷ 2

② 57 ÷ 7

③ 11 ÷ 3

④ 42 ÷ 6

⑤ 22 ÷ 4

⑥ 36 ÷ 9

⑦ 30 ÷ 5

⑧ 9 ÷ 2

⑨ 9 ÷ 3

⑩ 28 ÷ 7

⑪ 64 ÷ 9

⑫ 20 ÷ 4

⑬ 26 ÷ 8

⑭ 33 ÷ 5

⑮ 20 ÷ 7

⑯ 16 ÷ 8

⑰ 27 ÷ 4

⑱ 24 ÷ 3

⑲ 14 ÷ 6

⑳ 41 ÷ 9

その調子，その調子！

答え ▶ 93ページ

32 わり算の練習②

月　日　**15**分
とく点
点

1 計算をしましょう。

1つ2点【40点】

① 56 ÷ 8 = ☐

② 36 ÷ 4 = ☐

③ 3 ÷ 1 = ☐

④ 0 ÷ 5 = ☐

⑤ 10 ÷ 5 = ☐

⑥ 16 ÷ 2 = ☐

⑦ 12 ÷ 3 = ☐

⑧ 35 ÷ 7 = ☐

⑨ 38 ÷ 5 = ☐ あまり ☐

⑩ 8 ÷ 3 = ☐ あまり ☐

⑪ 53 ÷ 8 = ☐ あまり ☐

⑫ 31 ÷ 6 = ☐ あまり ☐

⑬ 51 ÷ 7 = ☐ あまり ☐

⑭ 80 ÷ 9 = ☐ あまり ☐

⑮ 19 ÷ 4 = ☐ あまり ☐

⑯ 24 ÷ 5 = ☐ あまり ☐

⑰ 16 ÷ 3 = ☐ あまり ☐

⑱ 11 ÷ 7 = ☐ あまり ☐

⑲ 21 ÷ 8 = ☐ あまり ☐

⑳ 31 ÷ 9 = ☐ あまり ☐

あまりのあるわり算は、わった答えとあまりをぎゃくにしていないかな？

2 計算をしましょう。

① $30 \div 6$

② $63 \div 9$

③ $44 \div 5$

④ $22 \div 3$

⑤ $20 \div 9$

⑥ $72 \div 8$

⑦ $2 \div 1$

⑧ $19 \div 2$

⑨ $34 \div 6$

⑩ $21 \div 3$

⑪ $37 \div 7$

⑫ $10 \div 2$

⑬ $57 \div 6$

⑭ $14 \div 3$

⑮ $23 \div 4$

⑯ $0 \div 9$

⑰ $35 \div 5$

⑱ $89 \div 9$

⑲ $67 \div 7$

⑳ $60 \div 8$

よくできたね！

答え ▶ 94ページ

33 わり算 (2)
わり算の練習③

1 計算をしましょう。　　　　　　　　　　　　　　1つ2点【40点】

① 63 ÷ 7 =

② 7 ÷ 3 = あまり

③ 49 ÷ 8 = あまり

④ 24 ÷ 6 =

⑤ 4 ÷ 4 =

⑥ 29 ÷ 6 = あまり

⑦ 52 ÷ 9 = あまり

⑧ 15 ÷ 4 = あまり

⑨ 14 ÷ 5 = あまり

⑩ 12 ÷ 2 =

⑪ 40 ÷ 8 =

⑫ 56 ÷ 9 = あまり

⑬ 27 ÷ 6 = あまり

⑭ 68 ÷ 7 = あまり

⑮ 53 ÷ 6 = あまり

⑯ 27 ÷ 9 =

⑰ 33 ÷ 9 = あまり

⑱ 38 ÷ 4 = あまり

⑲ 13 ÷ 2 = あまり

⑳ 63 ÷ 8 = あまり

わる数＞あまりに
なってる？

2 計算をしましょう。

① $54 \div 9$

② $13 \div 3$

③ $0 \div 6$

④ $87 \div 9$

⑤ $40 \div 5$

⑥ $28 \div 5$

⑦ $37 \div 4$

⑧ $8 \div 1$

⑨ $3 \div 2$

⑩ $29 \div 3$

⑪ $30 \div 8$

⑫ $14 \div 2$

⑬ $34 \div 5$

⑭ $15 \div 3$

⑮ $18 \div 7$

⑯ $28 \div 4$

⑰ $21 \div 7$

⑱ $71 \div 8$

⑲ $54 \div 8$

⑳ $59 \div 6$

おうえんしてるからね！

答え ▶ 94ページ

わり算の練習④

1 計算をしましょう。　　　　　　　　　　　　　　１つ2点【40点】

① 12 ÷ 6 = ☐

② 26 ÷ 3 = ☐ あまり ☐

③ 69 ÷ 8 = ☐ あまり ☐

④ 25 ÷ 5 = ☐

⑤ 47 ÷ 6 = ☐ あまり ☐

⑥ 65 ÷ 9 = ☐ あまり ☐

⑦ 14 ÷ 5 = ☐ あまり ☐

⑧ 48 ÷ 8 = ☐

⑨ 10 ÷ 3 = ☐ あまり ☐

⑩ 55 ÷ 7 = ☐ あまり ☐

⑪ 28 ÷ 8 = ☐ あまり ☐

⑫ 7 ÷ 1 = ☐

⑬ 18 ÷ 2 = ☐

⑭ 40 ÷ 6 = ☐ あまり ☐

⑮ 76 ÷ 9 = ☐ あまり ☐

⑯ 15 ÷ 2 = ☐ あまり ☐

⑰ 32 ÷ 5 = ☐ あまり ☐

⑱ 56 ÷ 7 = ☐

⑲ 25 ÷ 4 = ☐ あまり ☐

⑳ 32 ÷ 7 = ☐ あまり ☐

あまりのあるわり算は，答えのたしかめもしてみよう！答えのたしかめの式はおぼえてる？

2 計算をしましょう。

① 17 ÷ 3

② 58 ÷ 9

③ 39 ÷ 6

④ 18 ÷ 4

⑤ 72 ÷ 9

⑥ 57 ÷ 8

⑦ 17 ÷ 2

⑧ 14 ÷ 7

⑨ 64 ÷ 8

⑩ 47 ÷ 5

⑪ 22 ÷ 9

⑫ 27 ÷ 7

3 計算をして，（　）に答えのたしかめもしましょう。両方できて1つ6点【24点】

① 22 ÷ 5

（　　　　　）

② 34 ÷ 8

（　　　　　）

③ 62 ÷ 9

（　　　　　）

④ 58 ÷ 7

（　　　　　）

その調子，その調子！

答え ▶ 94ページ

わり算の練習⑤

月　日　15分

とく点

点

1 計算をしましょう。

1つ2点【40点】

① $24 \div 7 =$ ☐ あまり ☐

あり算に
なれたかな。

② $14 \div 7 =$ ☐

③ $19 \div 3 =$ ☐ あまり ☐

④ $17 \div 5 =$ ☐ あまり ☐

⑤ $0 \div 7 =$ ☐

⑥ $79 \div 8 =$ ☐ あまり ☐

⑦ $32 \div 6 =$ ☐ あまり ☐

⑧ $32 \div 4 =$ ☐

⑨ $48 \div 8 =$ ☐

⑩ $64 \div 7 =$ ☐ あまり ☐

⑪ $28 \div 3 =$ ☐ あまり ☐

⑫ $59 \div 9 =$ ☐ あまり ☐

⑬ $17 \div 8 =$ ☐ あまり ☐

⑭ $54 \div 6 =$ ☐

⑮ $72 \div 9 =$ ☐

⑯ $9 \div 2 =$ ☐ あまり ☐

⑰ $33 \div 4 =$ ☐ あまり ☐

⑱ $48 \div 5 =$ ☐ あまり ☐

⑲ $46 \div 7 =$ ☐ あまり ☐

⑳ $23 \div 6 =$ ☐ あまり ☐

2 計算をしましょう。

① $36 \div 6$　　　　② $13 \div 2$

③ $15 \div 4$　　　　④ $21 \div 3$

⑤ $81 \div 9$　　　　⑥ $28 \div 6$

⑦ $5 \div 1$　　　　⑧ $41 \div 8$

⑨ $30 \div 7$　　　　⑩ $23 \div 3$

⑪ $29 \div 9$　　　　⑫ $37 \div 5$

3 □にあてはまる数を書きましょう。

① $\boxed{} \div 5 = 6$ あまり3　　② $27 \div \boxed{} = 6$ あまり3

③ $\boxed{} \div 6 = 8$ あまり2　　④ $26 \div \boxed{} = 3$ あまり5

⑤ $62 \div \boxed{} = 7$ あまり6　　⑥ $\boxed{} \div 9 = 8$ あまり7

今日もよくがんばったね！

答え ▶ 95ページ

わり算 (2)
大きな数のわり算

1 計算をしましょう。　　　　　　　　　　　　　　　　　　1つ3点【24点】

① ↙10が4こ
　40 ÷ 2 = $\boxed{20}$
　10が4÷2＝2 で，2こだから20。

② 30 ÷ 3 =

③ 50 ÷ 5 =

④ 60 ÷ 2 =

⑤ 60 ÷ 3 =

⑥ 70 ÷ 7 =

⑦ 80 ÷ 4 =

⑧ 90 ÷ 3 =

2 計算をしましょう。　　　　　　　　　　　　　　　　　　1つ4点【28点】

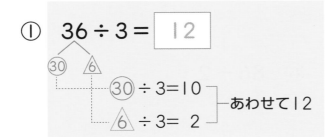

① 36 ÷ 3 = $\boxed{12}$
　㉚ △6
　　㉚ ÷ 3 ＝ 10
　　△6 ÷ 3 ＝ 2 ──あわせて12

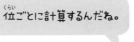
位ごとに計算するんだね。

② 24 ÷ 2 =

③ 44 ÷ 4 =

④ 69 ÷ 3 =

⑤ 77 ÷ 7 =

⑥ 82 ÷ 2 =

⑦ 96 ÷ 3 =

3 計算をしましょう。 1つ3点【18点】

① $60 \div 2$　　② $40 \div 4$

③ $80 \div 2$　　④ $90 \div 3$

⑤ $60 \div 6$　　⑥ $90 \div 9$

4 計算をしましょう。 1つ3点【30点】

① $88 \div 4$　　② $28 \div 2$

③ $46 \div 2$　　④ $48 \div 2$

⑤ $39 \div 3$　　⑥ $86 \div 2$

⑦ $99 \div 9$　　⑧ $68 \div 2$

⑨ $99 \div 3$　　⑩ $63 \div 3$

見直しした？

答え ▶ 95ページ

37 大きな数の わり算の練習①

1 計算をしましょう。

1つ2点【40点】

① 50 ÷ 5 =

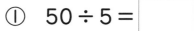

何十の計算と，何十いくつの
計算は分けて考えよう。

② 80 ÷ 1 =

③ 20 ÷ 2 =　　　　　④ 60 ÷ 3 =

⑤ 40 ÷ 4 =　　　　　⑥ 30 ÷ 3 =

⑦ 90 ÷ 3 =　　　　　⑧ 70 ÷ 7 =

⑨ 48 ÷ 4 =　　　　　⑩ 84 ÷ 4 =

⑪ 66 ÷ 2 =　　　　　⑫ 88 ÷ 8 =

⑬ 22 ÷ 2 =　　　　　⑭ 93 ÷ 3 =

⑮ 84 ÷ 2 =　　　　　⑯ 64 ÷ 2 =

⑰ 77 ÷ 7 =　　　　　⑱ 26 ÷ 2 =

⑲ 88 ÷ 2 =　　　　　⑳ 33 ÷ 3 =

2 計算をしましょう。

① $40 \div 2$

② $48 \div 2$

③ $90 \div 1$

④ $24 \div 2$

⑤ $40 \div 1$

⑥ $55 \div 5$

⑦ $36 \div 3$

⑧ $28 \div 2$

⑨ $80 \div 8$

⑩ $66 \div 6$

⑪ $42 \div 2$

⑫ $90 \div 9$

⑬ $88 \div 4$

⑭ $68 \div 2$

⑮ $69 \div 3$

⑯ $70 \div 1$

⑰ $86 \div 2$

⑱ $60 \div 6$

⑲ $99 \div 3$

⑳ $80 \div 4$

おうえんしてるからね！

答え ▶ 95ページ

38 大きな数の わり算の練習②

15分

月　日

とく点

点

1 計算をしましょう。

1つ2点【40点】

① 93 ÷ 3 =

② 80 ÷ 8 =

③ 62 ÷ 2 =

④ 33 ÷ 3 =

⑤ 80 ÷ 2 =

⑥ 66 ÷ 3 =

⑦ 40 ÷ 2 =

⑧ 30 ÷ 3 =

⑨ 39 ÷ 3 =

⑩ 40 ÷ 4 =

⑪ 88 ÷ 8 =

⑫ 30 ÷ 1 =

⑬ 44 ÷ 4 =

⑭ 20 ÷ 2 =

⑮ 48 ÷ 2 =

⑯ 69 ÷ 3 =

⑰ 20 ÷ 1 =

⑱ 28 ÷ 2 =

⑲ 50 ÷ 5 =

⑳ 86 ÷ 2 =

80÷8 のように,
何十をわる計算は,
答えの一の位が0
になってる?

① $60 \div 2$

② $60 \div 6$

③ $64 \div 2$

④ $96 \div 3$

⑤ $22 \div 2$

⑥ $40 \div 2$

⑦ $60 \div 3$

⑧ $84 \div 2$

⑨ $90 \div 9$

⑩ $46 \div 2$

⑪ $63 \div 3$

⑫ $80 \div 4$

⑬ $93 \div 3$

⑭ $48 \div 4$

⑮ $42 \div 2$

⑯ $70 \div 1$

⑰ $88 \div 2$

⑱ $90 \div 1$

⑲ $66 \div 2$

⑳ $90 \div 3$

わり算ができるようになったね。
次のパズルが終わったら，まとめテストだよ！

答え ▶ 96ページ

❶ わり算の答えが，0，3，4，7になるところ全部を，すきな色でぬりましょう。何が出てくるかな。

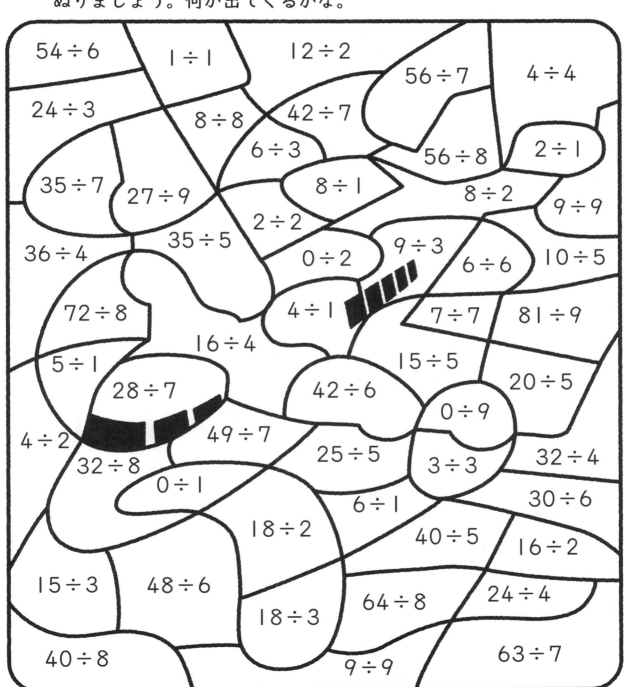

2 わり算のあまりが，1，3，4になるところ全部を，すきな色でぬりましょう。何が出てくるかな。

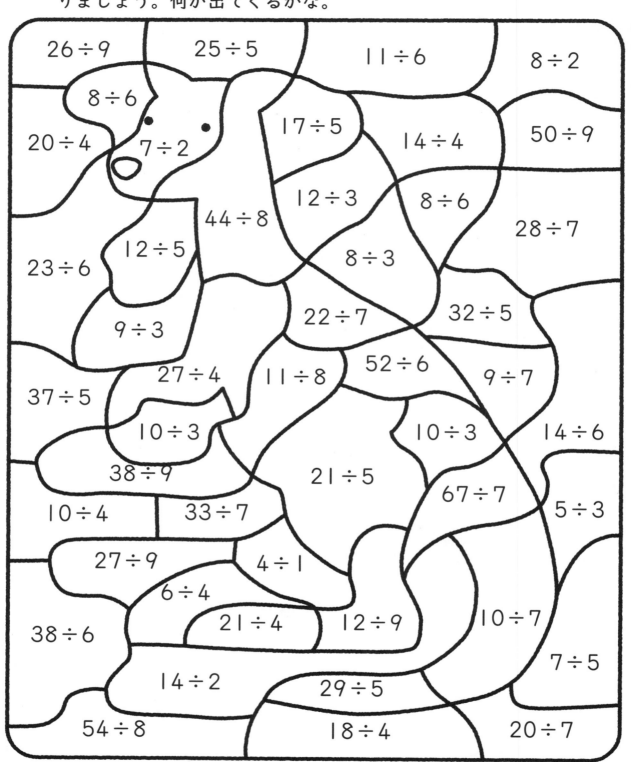

答え ▶ 96ページ

1 計算をしましょう。　　　　　　　　　　　　　　　1つ2点【20点】

① 　　12
　　×　7

② 　　63
　　×　3

③ 　　74
　　×　5

④ 　　58
　　×　9

⑤ 　　89
　　×　9

⑥ 　420
　×　　2

⑦ 　231
　×　　4

⑧ 　175
　×　　5

⑨ 　309
　×　　7

⑩ 　684
　×　　6

2 計算をしましょう。　　　　　　　　　　　　　　　1つ3点【24点】

① 　　17
　　×34

② 　　60
　　×15

③ 　　56
　　×47

④ 　　69
　　×82

⑤ 　225
　×　42

⑥ 　704
　×　30

⑦ 　546
　×　69

⑧ 　398
　×　74

3 計算をしましょう。

1つ2点【24点】

① $25 \div 4$

② $18 \div 3$

③ $72 \div 8$

④ $40 \div 7$

⑤ $33 \div 5$

⑥ $48 \div 6$

⑦ $14 \div 2$

⑧ $22 \div 8$

⑨ $0 \div 5$

⑩ $43 \div 6$

⑪ $87 \div 9$

⑫ $56 \div 7$

4 □にあてはまる数を書きましょう。

1つ5点【20点】

① $\boxed{} \div 4 = 7$あまり2

② $25 \div \boxed{} = 3$あまり1

③ $67 \div \boxed{} = 7$あまり4

④ $\boxed{} \div 9 = 6$あまり8

5 計算をしましょう。

1つ3点【12点】

① $60 \div 6$

② $48 \div 4$

③ $80 \div 2$

④ $69 \div 3$

答え ▶ 96ページ

1 かけ算のきまり　5~6ページ

1 ①2　②5　③9

2 ①4　②3　③8

3 ①4　②6　③3　④4
　　⑤2　⑥8

4 じゅんに

① 　35　　　② 　15
　 3，21　　　　 6，30
　　　56　　　　　　45

5 ①5　②4　③7　④8
　　⑤6　⑥3　⑦4　⑧4
　　⑨9　⑩7

アドバイス **3**③　3×5=15，5×3=15 です。かけ算は，かける数とかけられる数を入れかえて計算しても，答えは同じになります。

　4①　かけられる数を2つに分けて計算しています。②では，かける数を2つに分けて計算しています。

　5⑥　かける数とかけられる数を入れかえて，4×□=12 と考えます。次に，4のだんの九九を使って，12になる数をもとめます。

2 0のかけ算　7~8ページ

1 ①0　②0　③0　④0
　　⑤0　⑥0　⑦0　⑧0

2 ①0　②0　③0　④0
　　⑤0　⑥0　⑦0　⑧0

3 ①0　②0　③0　④0

⑤0　⑥9　⑦0　⑧2
⑨0　⑩0　⑪0　⑫0
⑬0　⑭l　⑮0　⑯0

アドバイス 　かける数やかけられる数が0でも，かけ算の式は書くことができます。そして，どんな数に0をかけても答えは0，0にどんな数をかけても答えは0です。

　これは，かけ算のきまりを使って考えることもできます。**3**①の4×0 は，4×0=4×l-4 で，0とわかります。

　0のかけ算は，これから学習するかけ算の筆算でも出てきます。ここでしっかりおぼえておきましょう。

3 何十，何百のかけ算　9~10ページ

1 ①60　②80　③90
　④350　⑤360　⑥560
　⑦400　⑧300

2 ①600　②800　③2100
　④3500　⑤4500　⑥3200
　⑦3600　⑧4000

3 ①40　②150　③700
　④1800　⑤280　⑥640
　⑦2500　⑧2700　⑨360
　⑩420　⑪4200　⑫2800
　⑬150　⑭810　⑮4800
　⑯7200

アドバイス 　かけられる数が何十，何百のかけ算です。10を何こ，100を何こ集めたかをもとに考えましょう。

④ 2けた×1けた①

4 2けた×1けた①　11~12ページ

1 ①46　②88　③96
④80　⑤48　⑥72
⑦92　⑧96　⑨70

2 ①39　②64　③75
④81　⑤92　⑥90
⑦88　⑧84　⑨74
⑩84　⑪72　⑫80
⑬90　⑭57

アドバイス　かけ算の筆算は，かける数のだんの九九を使って計算します。

1③
$$\begin{array}{r} 32 \\ \times\ 3 \\ \hline \end{array}$$
〈筆算のしかた〉
・位をたてにそろえて書く。
↓
$$\begin{array}{r} 32 \\ \times\ 3 \\ \hline 6 \end{array}$$
・かける数のだんの3の九九で「三二が6」の6を一の位に書く。
↓
$$\begin{array}{r} 32 \\ \times\ 3 \\ \hline 96 \end{array}$$
・「三三が9」の9を十の位に書く。

くり上がりのある筆算では，十の位にくり上がった数を小さく書いておいてもよいでしょう。たしわすれをふせげます。

1⑥
$$\begin{array}{r} 36 \\ \times\ 2 \\ \hline 72 \end{array}$$
くり上がった1を小さく書く。

5 2けた×1けた②　13~14ページ

1 ①126　②144　③128
④350　⑤136　⑥294
⑦260　⑧195　⑨304
⑩108

2 ①155　②208　③480

④252　⑤216　⑥315
⑦171　⑧410　⑨108
⑩194　⑪390　⑫207
⑬546　⑭504

アドバイス　答えが3けたになる筆算です。くり上がりが2回ある計算もあります。

2①
$$\begin{array}{r} 31 \\ \times\ 5 \\ \hline 155 \end{array}$$
2では，百の位の数は，「×」の下あたりに書くとよいでしょう。

6 3けた×1けた①　15~16ページ

1 ①684　②268　③690
④948　⑤868　⑥432
⑦586　⑧810　⑨768
⑩508

2 ①663　②957　③854
④755　⑤960　⑥762
⑦846　⑧872　⑨924
⑩894　⑪818　⑫408
⑬500　⑭855

アドバイス　3けたの数になっても，位をたてにそろえて書き，九九を使って一の位からじゅんに計算していきます。

1③　一の位の計算は0のかけ算です。一の位には，0を書きます。ほかにも，⑧，**2**⑤も同じようにします。

1⑥　十の位の計算が0のかけ算です。右のように，百の位の「四一が4」の4を十の位にくり上がった3とたして
$$\begin{array}{r} 108 \\ \times\ \ \ 4 \\ \hline 72 \end{array}$$
72とするまちがいがみられます。十の位は0とくり上がった3で3，百の位が4となることに注意しましょう。

1 ①1569　②1680　③1264
④2187　⑤2472　⑥2766
⑦3405　⑧4858　⑨6136
⑩3060

2 ①3663　②3678　③1750
④1967　⑤1728　⑥1864
⑦3400　⑧4296　⑨1306
⑩2935　⑪3241　⑫2805
⑬1024　⑭7101

⚠️アドバイス　答えが4けたになる筆算です。

くり上がりが3回ある筆算もあります。くり上がった数をたしわすれないように注意しましょう。

1 ①68　②87　③60
④420　⑤255　⑥368
⑦171　⑧669　⑨836
⑩724　⑪4056　⑫3580
⑬2679　⑭5208

2 ①72　②93　③567
④48　⑤440　⑥287
⑦440　⑧5392　⑨764
⑩1086　⑪4263　⑫2115

3 ①
```
   25
×   3
   75
```
②
```
   76
×   4
  304
```

③
```
  129
×    6
  774
```
④
```
  583
×    7
 4081
```

⚠️アドバイス　**3**は位をたてにそろえて書きましょう。

1 ①85　②126　③252
④99　⑤92　⑥160
⑦402　⑧246　⑨876
⑩912　⑪2044　⑫1488
⑬2590　⑭3240

2 ①210　②1890　③560
④3048　⑤4975　⑥96
⑦966　⑧504　⑨104
⑩4711　⑪270　⑫7002

3 ①
```
   12
×   6
   72
```
②
```
   38
×   8
  304
```

③
```
  182
×    7
 1274
```
④
```
  456
×    9
 4104
```

⚠️アドバイス　**3**③，④は，くり上がりが3回あります。十の位，百の位は，くり上がった数をたしわすれないようにしましょう。

1 ①　㋐8，24　㋑6，24
②　㋐60，120　㋑4，120

2 ①4　②8　③2

3 ①　㋐21，42　㋑6，42
②　㋐75，150　㋑10，150

4 ①24　②24　③70
④90　⑤300　⑥320
⑦320　⑧270　⑨560
⑩750　⑪4690　⑫500

⚠️アドバイス　**3**，**4**は，5×2=10，2×5=10ということに注目しましょう。

Ⅱ 何十をかけるかけ算

25~26ページ

1 ①80　②60　③150

④420　⑤280　⑥720

2 ①280　②960　③720

④1050　⑤3360　⑥1200

⑦600　⑧1200　⑨3500

⑩3200

3 ①480　②2400　③280

④160　⑤750　⑥3000

⑦560　⑧180　⑨780

⑩6300　⑪200　⑫1470

⑬5600　⑭250　⑮800

⑯3600

❗アドバイス　**1**③　3×50 は，3×5 の10倍（ばい）で，答えは15の右に0を1つ つけます。

3×5　＝ 15
　↓10倍　　↓10倍
3×50 ＝ 150

左のように，かける数が10倍になると，答えも10倍になります。

3⑥　60×50 の計算は，60×5×10 と考えます。300の10倍で3000となりますが，0の数に気をつけて答えを書きましょう。

Ⅻ 2けた×2けた①

27~28ページ

1 ①276　②544　③372

④483　⑤390　⑥192

⑦375　⑧936　⑨684

⑩768

2 ①294　②273　③880

④798　⑤816　⑥910

⑦448　⑧902　⑨644

⑩624　⑪846　⑫900

❗アドバイス　2けた×2けたの数の 筆算（ひっさん）は，かける数の一の位（くらい），十の位の じゅんに計算します。

2①
```
    21
  ×14
    84 …21×4
   21⃝ …21×10
   294
```
十の位の210の0は書きません。だから 1けたずらして十の位から書いていきます。なお，下のようなまちがいに気をつけましょう。

```
   21  ←一の位の数どうし，十の位の
 ×14    数どうしをかけている。
   24
```

```
   21  ←21×10 の計算を21×1と
 ×14    して計算しているので，左に
   84    1けたずらすことをしていな
   21    い。
  105
```

ⅩⅢ 2けた×2けた②

29~30ページ

1 ①1674　②1360　③1325

④1218　⑤2072　⑥4959

⑦3690　⑧6175　⑨4500

⑩3204

2 ①1961　②1615　③4060

④1624　⑤2064　⑥2100

⑦3686　⑧3127　⑨4615

⑩6144　⑪3000　⑫4128

❗アドバイス　**1**②のように何十をかける筆算は，0の計算をはぶいて一の位に0を書き，つづけて計算しましょう。

2けた×2けたの筆算は，かけ算とたし算の計算をします。かけ算でくり上がった数のたしわすれや，たし算のくり上がりに気をつけて，ていねいに計算しましょう。

⑭ 3けた×2けた①　31~32ページ

1　①4876　②5076　③5559
　　④9639　⑤8190　⑥8995
　　⑦8792　⑧6624　⑨8265
　　⑩8694

2　①1476　②6688　③9758
　　④7704　⑤9775　⑥9954
　　⑦9438　⑧6580　⑨8448
　　⑩8326　⑪7215　⑫9842

●アドバイス　かけられる数が3けた
の数の筆算です。けた数がふえても，
かける数の一の位，十の位のじゅんに
かけていきます。

1②
```
   423        423          423
 ×  12   →  ×  12   →   ×  12
  846        846          846
            423          423
                        5076
```

⑮ 3けた×2けた②　33~34ページ

1　①13184　②23083　③14796
　　④12580　⑤20825　⑥14282
　　⑦19224　⑧41684　⑨28615
　　⑩39240

2　①13545　②15028　③36288
　　④34086　⑤40544　⑥25460
　　⑦30124　⑧23664　⑨40373
　　⑩47712　⑪36153　⑫57228

●アドバイス　どの計算も答えが5け
たになります。**2**はマス目がないので，
4けた目と5けた目を書くいちに気を
つけましょう。4けた目は「×」の下
あたりに書くとよいでしょう。数字は
きちんと位をそろえて書きましょう。

⑯ 3けた×2けた③　35~36ページ

1　①13158　②15030　③27945
　　④21920　⑤33480　⑥29600
　　⑦32830　⑧32300　⑨29136
　　⑩49560

2　①15675　②38580　③26600
　　④41915　⑤35550　⑥19850
　　⑦35200　⑧36540　⑨15360
　　⑩15371　⑪37960　⑫48000

●アドバイス　**1**①のように，かけら
れる数の十の位に0のある計算は，十
の位の計算をわすれないように注意し
ましょう。
　なお，下のようなまちがいをしない
ように気をつけましょう。

1①
```
   306
 ×  43
  108
```
一の位からくり上が
った1と，百の位の計
算の9を，十の位でた
さないようにする。

⑰ 2けたをかけるかけ算の練習①　37~38ページ

1　①992　　②780　　③1501
　　④7470　⑤2392　⑥8416
　　⑦8900　⑧8381　⑨20130
　　⑩30033

2　①960　　②756　　③3570
　　④1458　⑤3237　⑥2112
　　⑦4968　⑧26208　⑨33600
　　⑩36520　⑪60095　⑫71424

●アドバイス　まちがえた計算はくり
返し練習しましょう。なれてきたら，
決められた時間より短い時間を目ひょ
うに計算しましょう。

18 2けたをかけるかけ算の練習② 39~40ページ

1 ①832 ②3024 ③1026
④1328 ⑤3397 ⑥3815
⑦9424 ⑧59568 ⑨16000
⑩30100

2 ①720 ②8712 ③4092
④16288 ⑤4300 ⑥40179

3
①
```
    34
  ×65
   170
  204
  2210
```
②
```
    95
  ×87
   665
  760
  8265
```
③
```
    359
  ×  70
  25130
```
④
```
    483
  ×  69
   4347
  2898
  33327
```

🔵アドバイス　**3**③　一の位が0の計算なので，一の位に0を書いたら，つづけて十の位の計算をしましょう。

19 2けたをかけるかけ算の練習③ 41~42ページ

1 ①756 ②1400 ③600
④5032 ⑤5208 ⑥5220
⑦18954 ⑧29610 ⑨63140
⑩40533

2 ①1007 ②10080 ③3120
④36000 ⑤2511 ⑥44643

3
①
```
    39
  ×40
  1560
```
②
```
    82
  ×76
   492
  574
  6232
```
③
```
    417
  ×  16
   2502
   417
  6672
```
④
```
    809
  ×  87
   5663
  6472
  70383
```

20 暗算 43~44ページ

1 ①39 ②84 ③90
④68 ⑤48 ⑥84
⑦57

2 ①480 ②660 ③520
④560 ⑤960 ⑥500
⑦450

3 ①66 ②99 ③840
④930 ⑤56 ⑥60
⑦810 ⑧480 ⑨90
⑩180 ⑪780 ⑫540
⑬480 ⑭78 ⑮840
⑯800

🔵アドバイス　**1**③　45×2 を暗算ですると，45を40と5に分けます。40×2=80，5×2=10 で90です。
　2①　12×4 の暗算は，**1**のように12を10と2に分けます。

21 算数パズル 45~46ページ

❶
	（よこ）	（たて）
①	6×6=36	5×6=30
②	8×8=64	9×8=72
③	9×7=63	8×7=56
④	2×8=16	4×8=32
⑤	4×6=24	7×6=42
⑥	7×9=63	3×9=27
⑦	4×7=28	6×7=42
⑧	6×9=54	8×9=72
⑨	8×6=48	9×6=54

❷
	（よこ）	（たて）
①	5×6=30	4×6=24
②	6×3=18	8×3=24
③	3×7=21	6×7=42
④	4×2=8	9×2=18
⑤	9×5=45	2×5=10
⑥	8×4=32	5×4=20
⑦	5×7=35	3×7=21
⑧	7×8=56	3×8=24
⑨	2×9=18	6×9=54

22 九九の□の数　47~48ページ

1 ①1　②2　③3　④4
　　⑤6　⑥8　⑦7
2 ①3　②2　③4　④4
　　⑤6　⑥5　⑦9　⑧7
3 ①5　②4　③8　④6
　　⑤9　⑥2　⑦6　⑧9
4 ①4　②5　③2　④7
　　⑤9　⑥8　⑦9　⑧8

●アドバイス　九九のかける数，またはかけられる数を見つけます。これは次から学習するわり算にひつようです。

23 あまりのないわり算　49~50ページ

1 ①2　②4　③6　④3
　　⑤5　⑥8　⑦9
2 ①0　②6　③0　④1
　　⑤0　⑥9
3 ①3　②4　③4　④6
　　⑤6　⑥5　⑦7　⑧9
　　⑨2　⑩8　⑪5　⑫6
4 ①0　②7　③0　④1

●アドバイス　**1**④　21÷7では，21がわられる数で7がわる数です。わり算は，わる数のだんの九九を使って答えを見つけます。
　わる数は7なので，7×□＝21の□にあてはまる数を九九で見つけると「七三21」で，答えは3となります。
　2，**4**には，0をわるわり算があります。0を0でないどんな数でわっても，答えは0です。「0このものは，何人に分けても0こ」とおぼえておきましょう。

24 あまりのないわり算の練習①　51~52ページ

1 ①2　②2　③5　④6
　　⑤4　⑥0　⑦1　⑧5
　　⑨8　⑩8　⑪8　⑫7
　　⑬0　⑭9　⑮3　⑯7
　　⑰9　⑱4　⑲1　⑳7
2 ①3　②2　③0　④1
　　⑤5　⑥7　⑦6　⑧4
　　⑨2　⑩2　⑪0　⑫3
　　⑬4　⑭5　⑮9　⑯8
　　⑰6　⑱8　⑲9　⑳9

●アドバイス　答えを見つけるための九九は，なれるまではじゅん番にとなえていくのがよいでしょう。

25 あまりのないわり算の練習②　53~54ページ

1 ①2　②5　③9　④8
　　⑤3　⑥0　⑦6　⑧4
　　⑨2　⑩7　⑪6　⑫3
　　⑬4　⑭1　⑮8　⑯3
　　⑰9　⑱3　⑲0　⑳8
2 ①9　②9　③7　④8
　　⑤4　⑥5　⑦3　⑧5
　　⑨9　⑩0　⑪7　⑫7
　　⑬7　⑭4　⑮6　⑯6
　　⑰3　⑱1　⑲8　⑳5

●アドバイス　0をわるわり算もまじっています。落ち着いて，問題をよく見て計算しましょう。なれてきたら，九九でいくつくらいか予想してみるとよいでしょう。
　また，苦手なわり算は，くり返し練習しましょう。

1 ①6　②0　③4　④7

⑤9　⑥9　⑦1　⑧3

⑨5　⑩2　⑪5　⑫2

⑬6　⑭4　⑮8　⑯5

⑰4　⑱1　⑲6　⑳9

2 ①3　②3　③2　④5

⑤5　⑥2　⑦4　⑧7

⑨0　⑩1　⑪3　⑫6

⑬7　⑭7　⑮8　⑯0

⑰7　⑱2　⑲9　⑳8

⊘アドバイス 1のわり算では，次のことをかくにんしておきましょう。

1⑦　$8÷8=1$　⑫　$2÷1=2$

　　　　同じ数　　　　　同じ数

---

27 あまりのあるわり算① 57~58ページ

1 じゅんに

①3，1　②3，2　③5，2

④7，1　⑤3，3　⑥5，4

⑦4，1　⑧7，2

2 ①3あまり1　②2あまり2

③3あまり2　④7あまり1

⑤6あまり2　⑥3あまり1

⑦8あまり1　⑧4あまり1

⑨2あまり3　⑩5あまり1

⑪7あまり1　⑫7あまり2

⑬8あまり1　⑭6あまり4

⑮5あまり4　⑯7あまり4

⊘アドバイス あまりがあるときも，わり算の式で表すことができます。あまりがないときは，「わりきれる」，あまりがあるときは，「わりきれない」

といいます。

　あまりのあるわり算では，計算をしたら，あまりがわる数より小さい数になっていることをたしかめましょう。

1④　$22÷3=6$あまり4

$3×6=18$　$22-18=4$

とするまちがいがみられます。3＜4なので，3のだんの九九は「三七21」として，$22÷3=7$あまり1となります。

---

28 あまりのあるわり算② 59~60ページ

1 じゅんに

①4，3　②2，1　③8，1

④3，1　⑤4，3　⑥8，3

⑦6，7　⑧9，2

2 じゅんに

①7，2，23　②5，2，47

③7，5，54　④8，3，43

⑤9，4，76

3 ①4あまり3　②5あまり7

③2あまり8　④3あまり2

⑤3あまり1　⑥8あまり3

⑦9あまり1　⑧9あまり3

4 ①3あまり4，$5×3+4=19$

②6あまり2，$4×6+2=26$

③5あまり3，$8×5+3=43$

④9あまり2，$6×9+2=56$

⑤7あまり8，$9×7+8=71$

⑥8あまり5，$7×8+5=61$

⊘アドバイス わり算をしてあまりがあったら，答えのたしかめをするくせをつけておくとよいです。あまりがわる数より小さいかにも注意しましょう。

㉙ あまりのあるわり算の練習① 61~62ページ

1 じゅんに

①2, 1　②1, 4　③2, 2
④9, 1　⑤9, 3　⑥8, 6
⑦6, 2　⑧2, 1　⑨5, 6
⑩9, 2　⑪5, 3　⑫1, 8
⑬4, 1　⑭7, 4　⑮3, 1
⑯3, 3　⑰9, 1　⑱8, 6
⑲9, 5　⑳4, 5

2 ①8あまり1　②7あまり1
③6あまり1　④5あまり1
⑤1あまり7　⑥6あまり3
⑦2あまり5　⑧6あまり1
⑨2あまり3　⑩4あまり7
⑪8あまり2　⑫5あまり1
⑬7あまり2　⑭8あまり5
⑮4あまり1　⑯9あまり6
⑰9あまり6　⑱7あまり3
⑲9あまり2　⑳3あまり7

アドバイス あまりを出すときにひき算をします。ひき算では, くり下がりがある場合もあるので, 気をつけましょう。

㉚ あまりのあるわり算の練習② 63~64ページ

1 じゅんに

①7, 4　②5, 2　③9, 1
④4, 5　⑤8, 3　⑥2, 1
⑦2, 1　⑧2, 6　⑨2, 2
⑩6, 2　⑪6, 5　⑫4, 2
⑬9, 2　⑭2, 4　⑮2, 1
⑯6, 7　⑰8, 2　⑱7, 3
⑲7, 6　⑳4, 7

2 ①8あまり1　②6あまり3

③9あまり3　④9あまり1
⑤2あまり1　⑥8あまり2
⑦5あまり2　⑧4あまり4
⑨9あまり4　⑩5あまり6
⑪3あまり1　⑫6あまり2
⑬3あまり5　⑭4あまり8
⑮3あまり2　⑯6あまり3
⑰5あまり1　⑱9あまり4
⑲4あまり6　⑳7あまり1

㉛ わり算の練習① 65~66ページ

1 じゅんに

①4　　②6　　③5
④4　　⑤8　　⑥9
⑦1　　⑧5　　⑨1, 2
⑩9, 1　⑪7, 2　⑫2, 3
⑬8, 5　⑭6, 1　⑮5, 5
⑯6, 1　⑰8, 4　⑱9, 2
⑲8, 5　⑳7, 3

2 ①2　　　　②8あまり1
③3あまり2　④7
⑤5あまり2　⑥4
⑦6　　　　⑧4あまり1
⑨3　　　　⑩4
⑪7あまり1　⑫5
⑬3あまり2　⑭6あまり3
⑮2あまり6　⑯2
⑰6あまり3　⑱8
⑲2あまり2　⑳4あまり5

アドバイス ここからは, あまりのないわり算とあまりのあるわり算が同じページに出てきます。わりきれるかわりきれないかがすぐにわかるようにするためにも, 九九がすらすらとなえられることが大切です。

32 わり算の練習② 　67~68ページ

1 じゅんに
①7　②9　③3
④0　⑤2　⑥8
⑦4　⑧5　⑨7, 3
⑩2, 2　⑪6, 5　⑫5, 1
⑬7, 2　⑭8, 8　⑮4, 3
⑯4, 4　⑰5, 1　⑱1, 4
⑲2, 5　⑳3, 4

2 ①5　②7
③8あまり4　④7あまり1
⑤2あまり2　⑥9
⑦2　⑧9あまり1
⑨5あまり4　⑩7
⑪5あまり2　⑫5
⑬9あまり3　⑭4あまり2
⑮5あまり3　⑯0
⑰7　⑱9あまり8
⑲9あまり4　⑳7あまり4

アドバイス　あまりのあるわり算は，わった答えとあまりをぎゃくにしていないか見なおしましょう。

33 わり算の練習③ 　69~70ページ

1 じゅんに
①9　②2, 1　③6, 1
④4　⑤1　⑥4, 5
⑦5, 7　⑧3, 3　⑨2, 4
⑩6　⑪5　⑫6, 2
⑬4, 3　⑭9, 5　⑮8, 5
⑯3　⑰3, 6　⑱9, 2
⑲6, 1　⑳7, 7

2 ①6　②4あまり1
③0　④9あまり6

⑤8　⑥5あまり3
⑦9あまり1　⑧8
⑨1あまり1　⑩9あまり2
⑪3あまり6　⑫7
⑬6あまり4　⑭5
⑮2あまり4　⑯7
⑰3　⑱8あまり7
⑲6あまり6　⑳9あまり5

アドバイス　わる数＞あまりになっていなかったら，もう一度計算しましょう。

34 わり算の練習④ 　71~72ページ

1 じゅんに
①2　②8, 2　③8, 5
④5　⑤7, 5　⑥7, 2
⑦2, 4　⑧6　⑨3, 1
⑩7, 6　⑪3, 4　⑫7
⑬9　⑭6, 4　⑮8, 4
⑯7, 1　⑰6, 2　⑱8
⑲6, 1　⑳4, 4

2 ①5あまり2　②6あまり4
③6あまり3　④4あまり2
⑤8　⑥7あまり1
⑦8あまり1　⑧2
⑨8　⑩9あまり2
⑪2あまり4　⑫3あまり6

3 ①4あまり2, 5×4+2=22
②4あまり2, 8×4+2=34
③6あまり8, 9×6+8=62
④8あまり2, 7×8+2=58

アドバイス　**3**では，わる数＞あまりになっているか見なおしてから，答えのたしかめをしましょう。わる数×答え＋あまり＝わられる数 が式です。

㉟ わり算の練習⑤　73~74ページ

1 じゅんに
①3，3　②2　　③6，1
④3，2　⑤0　　⑥9，7
⑦5，2　⑧8　　⑨6
⑩9，1　⑪9，1　⑫6，5
⑬2，1　⑭9　　⑮8
⑯4，1　⑰8，1　⑱9，3
⑲6，4　⑳3，5

2 ①6　　　　②6あまり1
③3あまり3　④7
⑤9　　　　⑥4あまり4
⑦5　　　　⑧5あまり1
⑨4あまり2　⑩7あまり2
⑪3あまり2　⑫7あまり2

3 ①33　②4　　③50　④7
⑤8　　⑥79

❶アドバイス **3**① 答えのたしかめ
の式，わる数×答え＋あまり＝わられ
る数 を使ってもとめます。
$5×6+3=33$ です。
③，⑥も同じようにしてもとめます。

3② 答えのたしかめの式にあては
めると，$□×6+3=27$ となります。
□にあてはまる数を6のだんの九九で
見つけると，4となります。
④，⑤も同じようにしてもとめます。

㊱ 大きな数のわり算　75~76ページ

1 ①20　②10　③10　④30
⑤20　⑥10　⑦20　⑧30

2 ①12　②12　③11　④23
⑤11　⑥41　⑦32

3 ①30　②10　③40　④30
⑤10　⑥10
4 ①22　②14　③23　④24
⑤13　⑥43　⑦11　⑧34
⑨33　⑩21

❶アドバイス **1**，**3**は，10をもと
に考えます。**3**①なら，$60÷2$ は，
10が$6÷2=3$ で，3こだから30です。

2，**4**は，わられる数を何十といく
つに分けて，それぞれを計算したら，
その2つの数をあわせます。

4②　28÷2　　20÷2=10
　　　20　8　　⇒　8÷2= 4
　　　　　　　　　10と4で14

㊲ 大きな数のわり算の練習①　77~78ページ

1 ①10　②80　③10　④20
⑤10　⑥10　⑦30　⑧10
⑨12　⑩21　⑪33　⑫11
⑬11　⑭31　⑮42　⑯32
⑰11　⑱13　⑲44　⑳11

2 ①20　②24　③90　④12
⑤40　⑥11　⑦12　⑧14
⑨10　⑩11　⑪21　⑫10
⑬22　⑭34　⑮23　⑯70
⑰43　⑱10　⑲33　⑳20

❶アドバイス **1**⑨の$48÷4$ のよう
な2けたの数のわり算は，何十といく
つに分けて計算します。

4年生になると，わり算の筆算を学
習します。このときに，何十といくつ
に分けて計算するという考え方がひつ
ようになります。3年生の間に，この
2けたの数のわり算をしっかりと身に
つけておきましょう。

1
① ①31 ②10 ③31 ④11
⑤40 ⑥22 ⑦20 ⑧10
⑨13 ⑩10 ⑪11 ⑫30
⑬11 ⑭10 ⑮24 ⑯23
⑰20 ⑱14 ⑲10 ⑳43

2
①30 ②10 ③32 ④32
⑤11 ⑥20 ⑦20 ⑧42
⑨10 ⑩23 ⑪21 ⑫20
⑬31 ⑭12 ⑮21 ⑯70
⑰44 ⑱90 ⑲33 ⑳30

◆アドバイス なれてきたら，目ひょう時間よりはやくできるようにしましょう。

39 算数パズル 81~82 ページ

❶ ひこうき

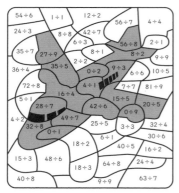

❷ カンガルー

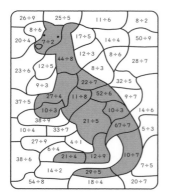

1
①84 ②189 ③370
④522 ⑤801 ⑥840
⑦924 ⑧875 ⑨2163
⑩4104

2
①578 ②900 ③2632
④5658 ⑤9450 ⑥21120
⑦37674 ⑧29452

3
①6あまり1 ②6
③9 ④5あまり5
⑤6あまり3 ⑥8
⑦7 ⑧2あまり6
⑨0 ⑩7あまり1
⑪9あまり6 ⑫8

4
①30 ②8 ③9 ④62

5
①10 ②12 ③40 ④23

◆アドバイス **1** 2けた，3けたに1けたの数をかけるかけ算です。かけられる数の一の位からじゅんに計算します。くり上がった数のたしわすれをしないようにしましょう。

2 2けた，3けたに2けたの数をかけるかけ算です。かける数の一の位からじゅんに計算します。数字は位をそろえて書きましょう。

3 わり算です。わりきれない計算は，あまりがわる数より小さくなっているかに注意します。

4 答えのたしかめの式にあてはめて考えます。②は，□×3+1=25となり，□にあてはまる数を3のだんの九九で見つけます。

5 大きな数のわり算です。②，④は何十といくつに分けて計算します。